Self Travel Guide 지금, 여행 시리즈 Planner Stickers

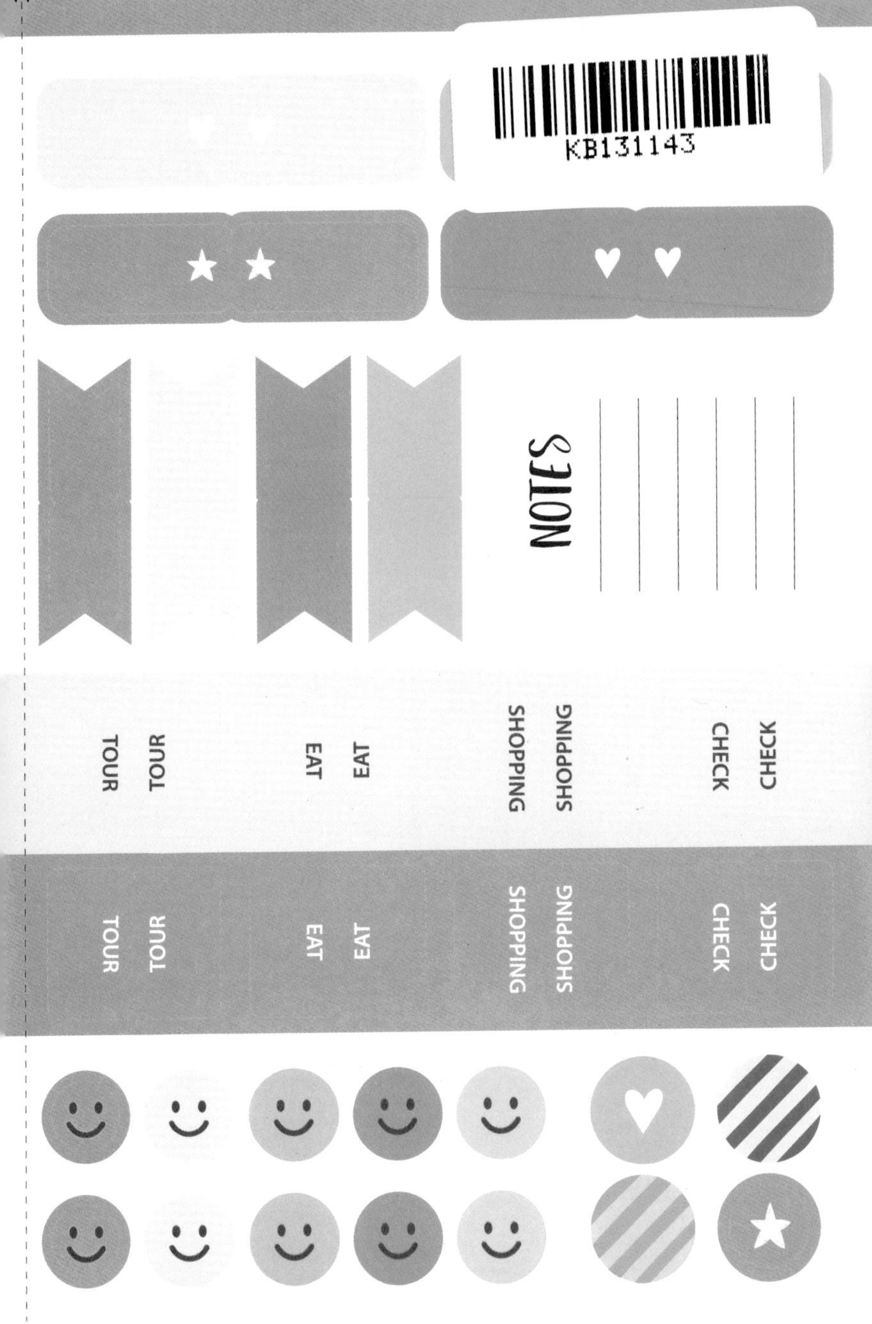

지금,도

지도 서비스

여행 가이드북 〈지금, 시리즈〉의 부가 서비스로, 해당 지역의 스폿 정보 및 코스 등을
실시간으로 확인하고 함께 정보를 공유하는 커뮤니티 무료 지도 사이트입니다.

지도 서비스 '지금도'에 어떻게 들어갈 수 있나요?

접속 방법 1

녹색창에
'지금도'를 검색한다.

지금도

접속 방법 2

핸드폰으로
QR코드를 찍는다.

접속 방법 3

인터넷 주소창에
now.nexusbook.com
을 친다.

'지금도' 활용법

여행지 선택하기

메인 화면에서 여행 가고자 하는 도시의 도서를 선택한다. 메인 화면 배너에서 〈지금 시리즈〉 최신 도서 정보와 이벤트, 추천 여행지 정보를 확인할 수 있다.

스폿 검색하기

원하는 스폿을 검색하거나,지도 위의 아이콘이나 스폿 목록에서 스폿을 클릭한다. 〈지금 시리즈〉 스폿 정보를 온라인으로 한눈에 확인할 수 있다.

나만의 여행 코스 만들기

❶ 코스 선택에서 코스 만들기에 들어간다.
❷ 간단한 회원 가입을 한다.
❸ + 코스 만들기에 들어가 나만의 코스 이름을 정한 후 저장한다.
❹ 원하는 장소를 나만의 코스에 코스 추가를 한다.
❺ 나만의 코스가 완성되면 카카오톡과 페이스북으로 여행메이트와 여행 일정을 공유한다.

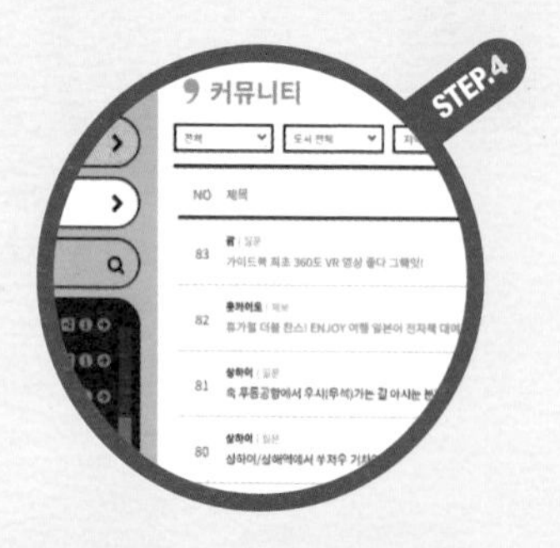

커뮤니티 이용하기

여행을 준비하는 사람들이 모여 여행지 최신 정보를 공유하는 커뮤니티이다. 또, 인터넷에서는 나오는 않는 궁금한 여행 정보는 베테랑 여행 작가에게 직접 물어볼 수 있는 신뢰도 100% 1:1 답변 서비스를 제공 받을 수 있다.

〈지금 시리즈〉 독자에게
'여행 길잡이'에서 제공하는 해외 여행 필수품

해외 여행자 보험 할인 서비스

1,000원 할인

사용 기간 회원 가입일 기준 1년(최대 2인 적용)
사용 방법 여행길잡이 홈페이지에서 여행자 보험 예약 후 비고 사항에
〈지금 시리즈〉 가이드북 뒤표지에 있는 ISBN 번호를 기재해 주시기 바랍니다.

〈지금 시리즈〉 독자에게
시간제 수행 기사 서비스 '모시러'에서 제공하는

공항 픽업, 샌딩 서비스

2시간 이용권

유효 기간 2020. 12. 31 서비스 문의 예약 센터 1522-4556(운영 시간 10:00~19:00, 주말 및 공휴일 휴무)
이용 가능 지역 서울, 경기 출발 지역에 한해 가능

본 서비스 이용 시 예약 센터(1522-4556)를 통해 반드시 운행 전일에 예약해 주시기 바랍니다. / 본 쿠폰은 공항 픽업, 샌딩 이용 시에 가능합니다(편도 운행은 이용 불가). / 본 쿠폰은 1회 1매에 한하며 현금 교환 및 잔액 환불이 불가합니다. / 본 쿠폰은 판매의 목적으로 이용될 수 없으며 분실 혹은 훼손 시 재발행되지 않습니다. **www.mosiler.com** ※ 모시러 서비스 이용 시 본 쿠폰을 지참해 주세요.

TRAVEL PACKING CHECKLIST

PASS

Item	Check
여권	■
항공권	■
여권 복사본	■
여권 사진	■
호텔 바우처	■
현금, 신용카드	■
여행자 보험	■
필기도구	■
세면도구	■
화장품	■
상비약	■
휴지, 물티슈	■
수건	■
카메라	■
전원 콘센트 · 변환 플러그	■
일회용 팩	■
주머니	■
우산	■
기타	■

지금, 가오슝

타이난 • 컨딩 • 헝춘

지금, 가오슝 타이난·컨딩·헝춘

지은이 김도연
펴낸이 임상진
펴낸곳 (주)넥서스

초판 발행 2018년 7월 10일

2판 1쇄 발행 2018년 11월 15일
2판 3쇄 발행 2019년 6월 20일

3판 1쇄 인쇄 2019년 11월 12일
3판 1쇄 발행 2019년 11월 20일

출판신고 1992년 4월 3일 제311-2002-2호
10880 경기도 파주시 지목로 5(신촌동)
Tel (02)330-5500 Fax (02)330-5555

ISBN 979-11-6165-812-4 13980

www.nexusbook.com

Explore the City

지금, 가오슝

Travel guide

prologue

우리나라 부산과 많이 닮은 도시 가오슝, 항구 도시이자 제2의 도시로 남부에 위치한 가오슝이 이제는 한국인들에게 대만의 새로운 관광지로 점점 알려지고 있습니다. 연꽃 향을 품은 호수, 옛 창고를 개조한 문화 예술 단지, 바다와 시내 전경을 한눈에 바라볼 수 있는 전망대, 저렴한 가격으로 즐기는 싱싱한 해산물, 거기에 뜨거운 햇살에서도 언제나 친절함과 미소로 반겨 주는 사람들로 가득한 도시입니다. 다양한 매력을 지닌 가오슝이기에 더운 남부 지방의 날씨에서도 즐겁게 취재를 할 수 있었으며 즐거운 여행에 좋은 추억만이 남길 바라는 마음으로 모든 곳을 직접 찾아 취재하며 정확한 정보를 담아냈습니다. 그리고 꼭 가오슝과 함께 경주와 비슷한 분위기의 미식 도시 타이난, 강렬한 햇빛도 웃게 만드는 컨딩의 시원한 바람과 바다를 많은 사람이 함께 만나 보길 추천합니다.

이번에도 출판을 준비하면서 잊지 않았던 말이 있습니다. '여행 책은 이 책이 좋은 책인지는 일단 책을 들고 직접 여행을 다녀 와야 알 수 있다'라는 말입니다. 좋은 책과 함께 즐거운 여행에 많은 추억을 남기길 바랍니다. 바쁜 일정에 항상 고생하시는 정효진 과장님, 든든한 가이드이자 통역으로 고생한 와이프, 짧은 시간의 일정을 맞춰 취재를 도와준 수인과 영신에게 감사를 전합니다.

김도연

하이라이트

지금, 대만의 가오슝에서 보고, 먹고, 즐겨야 할 것들을 모았다. 가오슝에 대해 잘 몰랐던 사람들은 가오슝을 미리 여행하는 기분으로, 잘 알던 사람들은 새롭게 여행하는 기분으로 가오슝 여행의 핵심을 익힐 수 있다.

추천 코스

지금 당장 가오슝 여행을 떠나도 만족스러운 여행이 가능하다. 언제, 누구와 떠나든 모두를 만족시킬 수 있는 여행 플랜을 제시했다. 자신의 여행 스타일에 맞는 코스를 골라서 따라 하기만 해도 만족도, 즐거움도 두 배가 될 것이다.

지역 여행

지금 여행 트렌드에 맞춰 가오슝을 근교 포함해서 4개 지역으로 나눠 지역별 핵심 코스와 관광지를 소개했다. 코스별로 여행을 하다가 한곳에 좀 더 머물고 싶거나 혹은 그냥 지나치고 다른 곳을 찾고 싶다면 지역별 소개를 천천히 살펴보자.

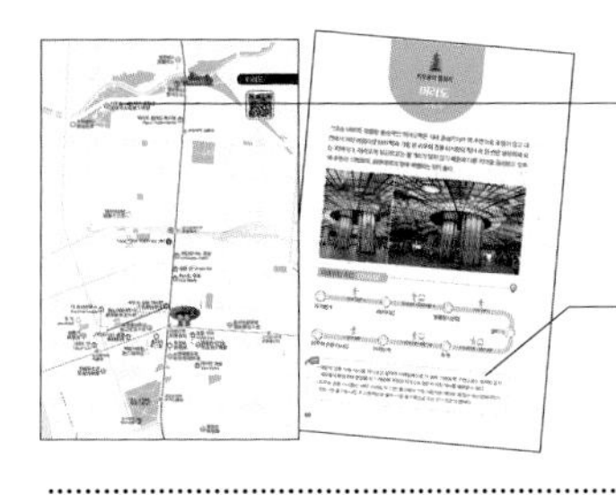

지도 보기 각 지역의 주요 관광지와 맛집, 상점 등을 표시해 두었다. 또한 종이 지도의 한계를 넘어서, 디지털의 편리함을 이용하고자 하는 사람은 해당 지도 옆 QR 코드를 활용해 보자.

팁 활용하기 직접 다녀온 사람만이 충고해 줄 수 있고, 여러 번 다녀온 사람만이 말해 줄 수 있는 알짜배기 노하우를 담았다.

추천 숙소

가오슝에는 초호화 호텔부터 호스텔까지 지역마다 특색 있는 숙박 시설들이 잘 갖춰져 있다. 이 시설을 얼마나 저렴하고 편안하게 선택할 수 있는지 예약부터 나에게 맞는 숙소까지 지역별로 선택할 수 있도록 정보를 담았다.

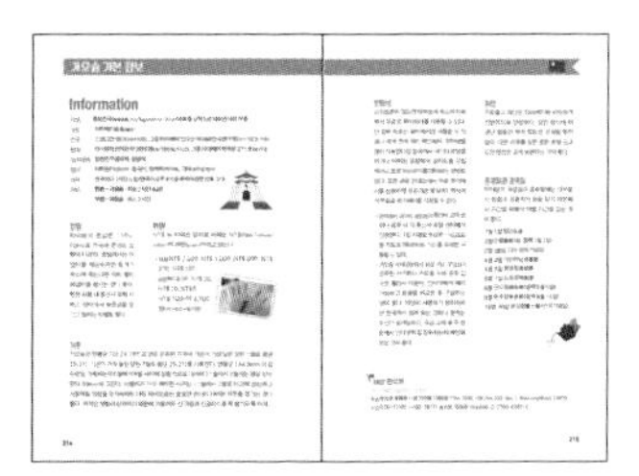

여행 정보

가오슝의 기본 정보뿐 아니라 가오슝 여행에 필요한 것들, 한국에서 가오슝 가는 법, 가오슝의 시내 교통, 공항 출국과 입국, 여행 회화까지 여행의 처음부터 끝까지 유용한 노하우를 담았다.

지도 및 본문에서 사용된 아이콘

지하철역 / 기차역 / 레스토랑 / 쇼핑몰 / 카페 / 관광 명소 / 호텔 / 시장 / 거리 / 버스 정류장 / 선착장 / 놀이공원 / 스타벅스 / 편의점 / 맥도날드

대만 발음 일러두기

대만어의 한글 표기는 지명, 산, 인명은 국립국어원의 외래어 표기법을 따랐고, 그 밖의 음식명, 지하철역, 버스 정류장 등의 발음은 현지에서 소통하는 데 도움이 되도록 대만 현지 발음에 최대한 가깝게 표기했다.

contents

하이라이트

추천 코스

지역 여행

추천 숙소

여행 정보

Kaohsiung
하 이 라 이 트

떠오르는 가오슝
핫 플레이스

대만 남부 지방에서
먹어 봐야 할 것들

가오슝, 타이난에서 만나는
색다른 기념품, 쇼핑 리스트

타이베이와는다른 매력의
야시장

대만 남부에서 만나는
색다른 축제

영화와 드라마로 만나는
대만 남부

푸른 바다에서 즐기는
컨딩 해상 액티비티

에메랄드빛 바다를 가르며
즐기는 컨딩 스쿠터 여행

여행을 더 편하게 즐기는
시티, 관광 투어 버스

霜月
十一月十二日
霜月
十一月十六日
霜月
十一月十七日
特徵：不求回報、奉獻愛心的人
含意：穩靜、高興、奉獻

떠오르는 가오슝 핫 플레이스

소우산 커플 관경대

산 중턱에 위치한 소우산 커플 관경대는 이름만큼 낭만적인 곳이다. 높은 곳에 있어 가오슝 시내를 한눈에 내려다볼 수 있다. 전망대 1층에는 33개국의 언어로 '사랑해'라는 글자를 볼 수 있으며 전망대 옆 'LOVE' 조형물은 저녁이면 아름다운 가오슝의 야경을 더욱 로맨틱하게 만들어 준다.

치진 무지개 교회

가오슝 웨딩 업체가 새롭게 세운 치진의 랜드마크로, 무지갯빛 조형물은 웨딩 촬영하는 예비 신혼부부들에게는 물론 시민들과 여행객들에게도 새로운 관광 명소로 떠오른 핫 플레이스다.

바다 진주

본문에는 없지만 무지개 교회를 지나가며 해안가를 따라 조금만 더 올라가면 거대한 조개 모양의 조형물이 눈에 들어온다. 〈황금 하이원-바다의 진주〉라는 이 공예 예술 작품은 붉은 노을이 질 때 방문하면 가장 아름다운 모습을 볼 수 있다.

큐빅

SNS에서 소문난 가오슝의 떠오르는 핫 스폿이다. 우리나라 건대입구의 커먼 그라운드처럼 공터에 컨테이너로 트렌디한 문화 단지를 조성했다. 다양한 컬라의 컨테이너들이 서로 다른 개성을 뽐내며 젊은이들에게 인증 사진 명소로 떠오르고 있다. 주말이면 다양한 거리 공연과 플리마켓도 열린다.

타이난

란사이투 문화 창의 단지

하이안루를 대표하는 예술 작품인 란사이투를 새롭게 옮기면서 3D로 재탄생시키며 타이난에 새로운 문화 단지를 조성하면서 시민들에게 인기를 얻고 있는 곳이다.

달팽이 골목

타이난에서 슬로우 라이프가 유행하면서 새롭게 조성된 거리로, 조용한 골목길을 귀여운 달팽이들의 안내에 따라 걷다 보면 마치 동화속으로 들어온 듯한 느낌을 준다. 중간중간 마주하는 벽화들과 곳곳에 숨어 있는 달팽이들을 발견하는 재미도 놓치지 말자.

321 예술 특구

조용한 주택 단지가 젊은 예술가들이 들어서면서 활기가 넘치는 예술 단지로 재탄생했다. 거리 곳곳에 설치된 예술 작품들과 다양한 전시회, 문화 활동을 만나 볼 수 있어 시민들에게 인기가 많다.

대만 남부 지방에서 먹어 봐야 할 것들

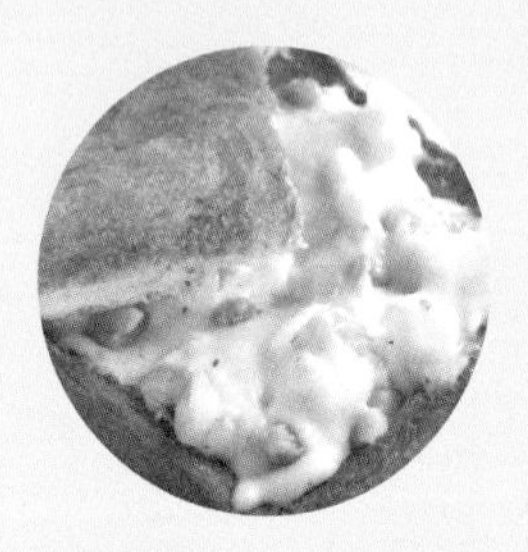

단자이면 擔仔麵

타이난의 어부들이 조업이 어려울 때 돈을 벌기 위해 만든 국수 요리. 국수에 돼지고기와 간단한 고명을 올려 주며 가볍게 먹기 좋다.

관차이반 棺材板

타이난을 대표하는 먹거리로, 노릇하게 튀긴 식빵 속에 부드러운 스튜를 넣고 다시 식빵을 덮은 음식이다. 닭고기와 해산물, 양파, 우유를 넣고 끓인 스튜에 바삭하면서 촉촉한 식빵이 잘 어우러져 색다른 맛을 느낄 수 있다.

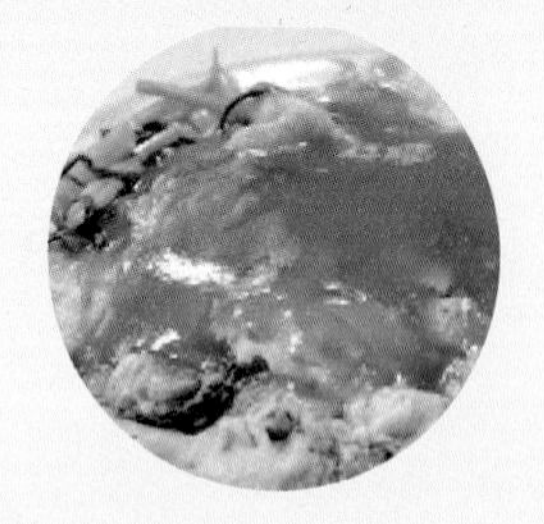

동과차 冬瓜茶

동과는 호박의 일종으로 겨울 수박을 뜻한다. 부드러우면서 순한 맛이 무와 비슷하지만 달콤한 향으로 페타Petha라는 사탕을 만드는 데 쓰인다. 뜨거운 햇살에 지친 몸을 달래 주는 음료로 인기가 많다.

커짜이지엔 蚵仔煎

야시장에서 쉽게 볼 수 있는 대만식 굴전. 타이난 안핑 지역은 예전부터 굴로 유명한 지역으로 안핑 곳곳에서 굴전뿐만 아니라 굴튀김, 굴구이 등 싱싱한 굴 요리를 저렴한 가격에 즐길 수 있다.

과일 빙수

가오슝에서는 지역 특산 과일인 구아바, 파인애플, 파파야, 바나나를 비롯해 망고, 리치 등 신선한 과일이 올라간 시원한 빙수가 무더운 날씨로 지친 몸을 달래 주기 딱이다.

쌍비내차 雙妃奶茶

가오슝의 3대 밀크티 전문점으로 진한 홍차에 신선한 우유를 넣은 밀크티는 뛰어난 퀄리티를 자랑한다. 기본 홍차를 넣은 밀크티 이외에도 보이차가 들어간 밀크티도 맛볼 수 있으며 저렴한 가격으로 가성비 또한 뛰어나다.

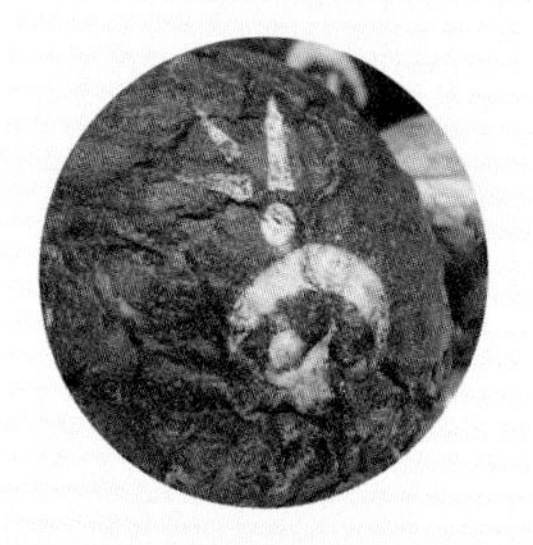

우바오춘 베이커리 吳寶春麥方店

월드 챔피언 제빵사가 만든 빵을 맛볼 수 있는 곳으로, 세계 대회에서 우승을 한 특별한 빵과 대만 전통 빵, 펑리수 등 다양한 종류를 판매하고 있으니 빵을 좋아하는 사람이라면 꼭 방문해 보자.

해산물

항구 도시인 가오슝에서는 식당은 물론 길거리 야시장에서도 새우, 가리비, 랍스터 등 싱싱한 해산물로 조리한 다양한 요리를 저렴하게 맛볼 수 있다.

가오슝, 타이난에서 만나는
색다른 기념품, 쇼핑 리스트

타이난

탄생 염 & 만두 세트

석유 출장소에서 구입 가능한 366여 가지 각기 다른 색을 담은 탄생 염

탄생 염 NT$ 100

만두 세트 NT$ 300 / 만두 각 NT$ 50

푸딩

이레이터부딩에서 판매하는 신선한 우유를 사용한 푸딩

푸딩 NT$ 35~

미지엔

미지엔으로 유명한 임영태흥밀전에서 판매하는 설탕, 꿀과 함께 소금, 한약재를 넣어 절인 과일

<u>미지엔</u>蜜餞 NT$ 50

에그롤

대사형수공단권에서 판매하는 재료 본연의 맛을 살린 향긋한 에그롤

<u>롤 15개입</u> NT$ 195

<u>25개입</u> NT$ 375

가오슝

카스텔라

불이가에서 판매하는 토란으로 속을 채운 부드러운 카스텔라

<u>베이커리</u> NT$ 250

지파지 펑리수

가오슝을 대표하는 펑리수 브랜드

<u>펑리수 6개입</u> NT$ 180

흑돼지 소시지

흑교패에서 판매하는 쫄깃하고 달콤한 흑돼지 소시지

<u>소시지</u> NT$ 360

(최근 아프리카 돼지 열병으로 인해, 돼지고기와 육가공 제품의 국내 반입이 불가능하니 현지에서만 즐기도록 하자.)

DIY 펑리수

유격병가 DIY 교실에서 직접 만드는 펑리수
펑리수 10개입 NT$ 360 / **15개입** NT$ 540

기념품

본동 창고 상점에서 판매하는
여행객의 주머니를 유혹하는
귀여운 제품들
컵 받침 NT$ 200
엽서 NT$ 50

3시15분 밀크티 세트

3시15분 브랜드의 밀크티부터 커피까지
담긴 종합 선물
종합 선물 세트 NT$ 420
밤맛 케이크 10개입 NT$ 400

수제 누가 크래커

노강홍차우내에서 판매하는
대만 최고 인기 쇼핑 리스트인 수제 누가 크래커
수제 누가 크래커 NT$ 170

파당봉밀단고 케이크 & 과일 젤리

부드러우면서 촉촉한 케이크와 생과일이 담긴 달콤한 젤리

케이크 NT$ 170~ / **과일 젤리** NT$ 30~

컨딩

생활용품

컨딩의 아름다운 바다를 담은 소품

마그네틱 NT$ 120

헝춘 수제 맥주

3000 맥주 박물관에서만 구입 가능한 컨딩과 헝춘의 지역 특색을 담아 만든 수제 맥주

수제 맥주 NT$ 150~

헝춘

타이베이와는 다른

매력의 야시장

가오슝

리우허 관광 야시장 六合夜市

예전에 다강푸 야시장大港埔夜市으로 불렸던 이곳은 가오슝을 대표하는 야시장이다. 가오슝에서 첫 번째로 선정된 국제 관광 야시장이다. 전에 비해 노점들이 약간 줄었지만 관광객들이 좋아할 만한 요소들로 가득해 밤이면 언제나 인산인해를 이룬다. 낮에는 차들이 다니는 일반 도로지만 땅거미가 지면 차량 진입이 통제되면서 야시장으로 변신한다.

주소 高雄市新興區六合二路 **위치** MRT R10, O5 메이리다오美麗島역 11번 출구에서 바로
시간 17:00~다음 날 1:00(점포마다 다름)

루이펑 야시장 瑞豐夜市

가오숑 현지인들이 추천하는 오래된 야시장이다. 20년이 넘게 영업하고 있는 루이펑 야시장에는 약 1,000개가 넘는 점포가 들어서 있는데 먹거리뿐만 아니라 의류, 액세서리, 잡화점을 비롯해 병 세우기, 구슬 튕기기, 새우잡기와 같은 상점들도 들어서 있다. 생각보다 점포들 사이의 길이 좁기 때문에 일찍 방문하는 것이 좋다.

주소 高雄市鼓山區裕誠路1128號 **위치** MRT R14 쥐단巨蛋역 1번 출구에서 직진(도보 3분) **시간** 18:00~24:00(점포마다 다름) **휴무** 월, 수요일

타이난

대동 야시장 大東夜市

2000년 3월 9일에 처음 문을 연 야시장으로, 비교적 역사는 짧지만 시민들에게 사랑받는 야시장이다. 중간에 야시장이 닫을 뻔 했지만 타이난 시민들의 힘으로 위기를 극복하고 계속 영업하고 있다. 먹거리는 물론 기념품 가게, 의류, 잡화 매장과 인형 뽑기, 풍선 터트리기 등 즐길 거리도 가득한 야시장이다.

주소 台南市東區林森路一段 **위치** 타이난 기차역台南火車站에서 택시로 약 10분 **시간** 18:00~다음 날 1:30 **휴무** 수, 목, 토, 일요일

화원 야시장 花園夜市

대만 관광청이 선정한 대만 10대 야시장에 선정된 곳이다. 북부에는 스린 야시장이 있고, 남부는 화원 야시장이 있다고 할 정도로 타이난에 간다면 꼭 가봐야 할 야시장이다. 넓은 공터에 노점들이 바둑판 식으로 빼곡하게 모여 있으며 타이난의 전통 먹거리는 물론 치킨, 떡볶이 같은 한식과 일식 등 세계의 다양한 먹거리를 맛볼 수 있다.

주소 台南市北區海安路三段 **위치** ❶ 타이난 기차역台南火車站에서 택시로 약 15분 ❷ 타이난 기차역台南火車站에서 0左번 버스 타고 화위안예스花園夜市[和緯路] 정류장에서 하차(약 25분 소요)
시간 18:00~다음 날 1:00 **휴무** 월, 화, 수, 금요일

성공 야시장 成功夜市

타이난의 특색을 느낄 수 있는 야시장으로, 유목민족처럼 여기저기 다른 야시장을 오가는 노점들이 모인 곳이다. 다른 야시장에 비해 규모는 작지만 있을 건 다 있는 야시장이다.

주소 台南市北區西門路四段 **위치** 타이난 기차역台南火車站에서 택시로 약 15분
시간 18:00~다음 날 1:30 **휴무** 월, 수, 목, 토, 일요일

대만 남부에서 만나는 색다른 축제

등불 축제

음력 1월 15일 원소절이면 대만 각지에서 등불 축제가 열린다. 매년 지역을 선정해서 대규모의 축제를 진행하는데, 가오슝에서는 매년 애하 강변에서 등불 축제를 볼 수 있다. 애하를 따라 약 2~3km에 달하는 도로에 각양각색의 등불들이 불을 밝히는데 이맘때면 남녀노소 누구나 해가 지면 등불을 감상하기 위해 애하는 인산인해를 이룬다. 등불 작품은 전문가들이 만든 것부터 학생들이 만든 작품들까지 다양하며 아이들과 기념하기 위해 자녀들의 손을 잡고 나오는 부모님들도 쉽게 볼 수 있다. 등불 축제의 하이라이트는 불꽃 놀이로 미리 등불 축제의 일정을 확인하고 가는 것이 좋다.

기간 음력 1월 15일 주소 高雄市鹽埕區中正四路 장소 애하 강변

옌수이 벌집 폭죽 축제 鹽水蜂炮

옌수이 벌집 폭죽 축제는 핑시 천등 축제와 함께 대만에서 가장 독특한 축제로 손꼽힌다. 밤새도록 시끄러운 폭죽을 터트리는 옌수이 벌집 폭죽 축제는 예전 이 지역에 전염병으로 사람들이 죽자 주민들이 관우 신에게 구제를 빌며 폭죽을 터트린 것에서 유래했다고 한다. 이후 축제로 자리잡으면서 관광객들에게도 독특한 축제로 소개돼 매년 이 축제에 참여하기 위해 타이난을 찾는 관광객들도 많아졌다. 다른 축제들과 다르게 안전을 위해 꼭 규정 복장을 착용해야만 참여가 가능한데 온몸을 덮는 두꺼운 의상과 장갑, 얼굴까지 가리는 헬멧을 착용해야만 한다.

기간 음력 1월 15일 주소 台南市鹽水區武廟路87號 장소 옌수이 무묘鹽水武廟

춘랑 음악 축제 春浪音樂節

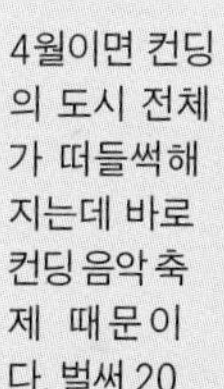

4월이면 컨딩의 도시 전체가 떠들썩해지는데 바로 컨딩 음악 축제 때문이다. 벌써 20년이 넘게 매년 봄에 개최되는 컨딩 음악 축제는 전 세계 수백 명의 음악인과 밴드가 참여하는 국제적인 페스티벌로, 컨딩의 아름다운 바다를 배경으로 따뜻한 봄의 계절을 뜨겁게 달군다. 대만에서 가장 오래된 음악 축제이자 이제는 대만을 대표하는 축제로 성장했다. 2007년부터 어롼비 공원에서 개최하고 있는데 이때가 되면 대만의 젊은이들은 물론 음악을 사랑하는 여행객들로 컨딩은 밤은 늦게까지 잠들지 않는다.

기간 4월 초 주소 屏東縣恆春鎮鵝鑾里鵝鑾路301號 홈페이지 www.spring-wave.com 장소 컨딩 어롼비 공원墾丁鵝鑾鼻公園

신천생일대 新天生一對 2012

대만판 〈꽃보다 남자〉에서 F4의 꽃미남 배우 주유민과 대만 국민 여성 그룹 S.H.E의 멤버 엘라, 거기에 우리나라에서도 유명한 비비안 수의 카메오 출연까지, 그야말로 초호화 캐스팅을 자랑하는 영화. 아빠와 아들간의 사랑을 느낄 수 있는 가족 이야기를 담은 영화다. 시종일관 티격태격하며 밀당하는 남녀 주인공과 사랑스러운 아역 배우들의 귀여운 연기는 이 영화를 더욱 매력적으로 만들어 준다. 남자 주인공의 집은 컨딩 용반 공원 위에 세트장을 지어 촬영했는데 높은 절벽 아래로 펼쳐진 푸른 컨딩 바다를 배경으로 아름다운 영상을 함께 감상할 수 있다.

영화 촬영지_ 컨딩 용반 공원

영화와 드라마로 만나는 대만 남부

라이프 오브 파이 Life of Pi 2012

이젠 세계적인 감독으로 우뚝 선 대만 출신의 이안 감독 작품의 〈라이프 오브 파이〉는 소설을 원작으로 한 작품으로, 우리나라에서도 개봉해 흥행에 성공한 작품이다. 인도에서 동물원을 운영하던 '파이'의 가족은 동물들을 싣고 이민을 떠나는 도중 거센 폭풍우를 만나 배가 침몰한다. 혼자 살아남은 파이는 가까스로 구명보트에 올라 타고 동물들과 함께 표류하면서 벌어진 이야기를 담고 있다. 환상적인 영상과 감각적인 스토리텔링을 자랑하는 이 영화에서 육지에 도착한 후 서로를 응시하다 멀어지는 주인공과 호랑이의 엔딩 장면은 긴 여운을 남기는데 바로 컨딩의 백사만에서 촬영됐다.

영화 촬영지_ 컨딩 백사만

드라마촬영지
컨딩

컨딩 날씨 맑음 我在墾丁天氣晴 2007

대만 최고의 청춘 스타 펑위옌과 연기파 배우 원경천 등 쟁쟁한 배우들이 출연한 드라마다. 서핑을 좋아하는 한원(펑위옌), 한원의 죽마고우이자 컨딩을 사랑하는 량(이강의), 출생의 비밀을 간직한 아난(원경천), 타이베이에서 내려온 소설가 레이니(장균녕) 네 청춘 남녀들의 우정과 사랑 이야기를 솔직하게 담아 우리나라에서도 인기를 끈 작품이다. 드라마에 나오는 컨딩의 푸른 바다와 함께 매력적인 OST까지, 그야말로 눈과 귀를 즐겁게 해주며 관광 도시로서 발생하는 현실적인 문제까지 보여 준다. 10년이 지난 드라마라 배우들의 풋풋한 옛 모습을 감상할 수 있다.

드라마 촬영지_컨딩

영화촬영지
헝춘

하이자오 7번지 海角七號 2008

〈나의 소녀 시대〉 개봉 이전까지 대만 최고의 흥행작이었던 영화다. 타이베이에서 록 밴드 활동을 하다 고향으로 돌아온 아가(범일신), 모델 에이전시에서 파견된 토모코(다나카 치에)가 함께 축제에 참가할 밴드를 모집하면서 발생하는 에피소드를 담고 있다. 국경을 넘어선 사랑 이야기, 어수룩한 등장 인물들이 주는 우스꽝스러운 모습과 자신들이 살고 있는 도시를 위해 노력하고 성장하는 모습들을 보고 있으면 나도 모르게 미소 짓게 만드는 영화다. 영화의 흥행 이후 남자 주인공의 집은 관광지로 인기를 끌며 지금까지 사람들의 발길이 끊

이질 않으며 영화 속에 등장한 대만 전통주 마라상은 개봉 이후 구하기 힘들 정도로 엄청난 인기를 끌었다.

영화 촬영지_ 헝춘 라오제, 컨딩 바닷가

푸른 바다에서 즐기는
컨딩 해상 액티비티

컨딩은 바다로 둘러싸여 있어 신나는 액티비티와 함께 끝없이 맑고 아름다운 바닷가에서 즐거운 추억을 남길 수 있다. 각 지역에 따라 파도와 수상 조건이 다르기 때문에 즐길 수 있는 액티비티 종류 또한 다르니 사전에 미리 확인하고 가는 것이 좋다.

수상 액티비티

허우비후 後壁湖

다양한 액티비티를 즐길 수 있는 포인트로 작은 항구다. 또한 바닷속을 탐험하는 잠수정도 이곳 허우비후에서만 탑승 가능하며 항구 옆에는 신선한 해산물을 판매하는 식당들이 모여 있어 액티비티 후 허기진 배를 든든하게 채울 수 있다.

남만 南灣

컨딩 해안가에서 가장 많은 수상 액티비티를 즐길 수 있는 곳이다. 푸른 바다 위에서는 수영과 함께 스킨 스쿠버, 바나나보트, 제트스키 등 해양 스포츠를 즐기기에 더 없이 좋은 곳이다.

수상 액티비티 종류 로큰롤 비행선 / 큰발오리 / 뽀빠이 / 바나나보트 / 도넛 / 수상 오토바이(수상체험 왕복 1회: 모터보트+바나나보트10~15분, 나머지 3~5분)

요금 해수욕장 입구에 여러 업체들이 있지만 가격이 정해져 있기 때문에 바가지 쓸 일은 없다. 2개 이상 이용 시 더 저렴하게 이용 가능하다(1개 NT$ 400~).

스노클링, 스쿠버 다이빙

선범석 船帆石

전 세계 스쿠버 다이버들에게도 유명한 다이빙 포인트로 50m 크기의 거대한 산호석 아래로 아름다운 산호의 수중 환경이 잘 보존돼 있어 다양한 해양 생물들을 만날 수 있다.

만리동 萬里桐

최근 들어 다이버들에게 인기를 얻고 있는 곳이다. 헝춘반도 서쪽에 위치한 만리동은 고즈넉한 바다와 함께 뛰어난 수중 환경을 자랑하는 다이빙 포인트다. 조그마한 해안가에서는 스노클링, 스쿠버 다이빙과 함께 패들 보드도 즐길 수 있다. 또한 해 질 녘에는 바다 위에 붉게 물드는 아름다운 노을을 감상할 수 있다. 편도 픽업 비용은 헝춘에서는 NT$ 300, 컨딩에서는 NT$ 400 발생한다.

스쿠버 다이빙은 사전 예약을 해야만 이용 가능하다. 컨딩 대가에 위치한 다이빙센터나 호텔에 문의하면 이용 가능한 업체를 연결해 주며 다이빙 포인트는 날씨에 따라 변경될 수 있다. 보통 2~3시간 코스로 육지에서 미리 교육 후 들어가게 된다. 실제 바닷속에서는 30분 정도 다이빙을 한다. 인터넷으로 예약을 하고 싶다면 'KKDAY' 사이트를 이용해 보자. 스노클링부터 스쿠버 다이빙, 각종 수상 액티비티를 온라인으로 쉽게 예약할 수 있다.

홈페이지 www.kkday.com

요금 스노클링과 스쿠버 다이빙은 대부분의 업체가 비슷한 가격으로 형성돼 있다.

- **스노클링** NT$ 350(1인)
- **스쿠버 다이빙** NT$ 2,500(1인 , 2~3시간)
- **패들 보드** NT$ 2,500(1인 , 1:1 강습 2시간)

에메랄드빛 바다를 가르며 즐기는
컨딩 스쿠터 여행

스쿠터를 타고 해안 도로를 따라 달리며 에메랄드빛 바다와 푸른 하늘, 도로 따라 길게 뻗은 야자수들을 바라보며 살랑거리는 바람까지 맞으면 그야말로 컨딩에서 잊지 못할 추억이 된다. 스쿠터 여행은 대만 젊은 친구들도 버킷 리스트일 정도로 인기가 많아 컨딩 제일 번화가인 컨딩 대가 초입부터 렌탈 숍들을 쉽게 발견할 수 있다. 게다가 대중교통이 발달돼 있지 않고 코스가 제한적인 투어 버스보다는 조금 더 여유롭게 원하는 곳을 둘러볼 수 있어 여행자들에게는 중요한 교통수단이 된다. 기본적으로 대만에서는 국제 운전 면허증으로 차량과 일반 오토바이 대여가 불가능하다. 컨딩에서 대여 가능한 스쿠터는 전동 스쿠터로 일반 스쿠터보다 속도가 느리다. 조작법은 대여 시 간단하게 교육을 해주는데, 자전거와 크게 다르지 않아 여성들도 쉽게 운전할 수 있으며 사고를 대비해 영어로 간단한 의사 소통이 가능한지 확인하고 대여해 준다. 가격은 보통 시간에 따라 NT$ 400~800 정도로 저렴하며 대부분 1시간 추가 시 NT$ 100이 발생한다. 귀여운 스쿠터를 대여하고 싶다면 직접 렌탈 숍들을 방문해 선택하는 것이 좋고, 렌탈 숍까지 방문하기에 거리가 있다면 호텔이나 민박에 이야기를 하면 직접 갖고 오기도 한다.

대만 교통 법규

단순 무면허 운전 적발 시:
NT$ 6,000 ~12,000 벌금

여행을 더 편하게 즐기는
시티, 관광 투어 버스

가오슝 시티 투어 버스

가오슝 시티 투어 버스는 오픈형 2층 버스로, 시즈완 노선西子灣線과 신완 노선新湾線이 운행 중이다. 시즈완 노선은 애하부터 시즈완까지 둘러보며 총 순환 시간은 약 40분 소요된다. 신완 노선은 애하에서 출발해 미려도역, 리우허 야시장, 중앙 공원 등 시내 중심을 둘러보는 코스로 총 순환 시간은 약 30분 소요된다. 버스 내에 무료 와이파이가 제공되며 한국어 서비스가 가능한 오디오 가이드도 대여해 준다. 투어 버스 요금은 NT$ 300이며 오디오 가이드 대여료는 NT$ 100이다. 홈페이지에서 예약이 가능하며 다른 패키지 티켓도 구입 가능하다.

투어 버스 주요 관광지

시즈완	애하	보얼 예술 특구	구산 선착장	시즈완
신완	애하	가오슝 전시관	중앙 공원	리우허 야시장

투어 버스 스케줄

· 시즈완

하절기 (4~9월)	11:00	**13:30***	14:30	**15:30***	16:20	**17:30***	18:00
동절기 (10~3월)	11:00	**12:30***	13:30	**14:30***	15:30	**16:30***	17:10

· 신완

하절기 (4~9월)	13:30	**14:30***	15:30	**16:30***	17:20	**18:10***	19:00
동절기 (10~3월)	12:30	**13:30***	14:30	**15:30***	16:30	**17:30***	18:00

* 토요일, 일요일 및 국정 휴일 회차

타이난 시티 투어 버스

타이난 시티 투어 버스는 2층 버스로 서쪽 노선西環線, 동쪽 노선東環線이 운행 중이며 타이난 기차역 앞에서 탑승이 가능하다. 서쪽 노선은 기차역을 출발해 안핑까지 다녀오는 코스로 총 8개 정류장에서 승차 및 하차가 가능하다. 타이난의 주요 관광지는 대부분 서쪽 노선을 탑승하면 이동 가능하다. 버스 내 무료 와이파이가 제공되며 오디오 가이드는 탑승 전 신청하면 대여 가능하다. 대여료는 NT$ 100이며 한국어 안내 서비스도 제공된다. 투어 버스 가격은 4시간 이용권 NT$ 300, 1일권 NT$ 500이며 티켓이 있을 경우 관광지별로 할인 혜택을 받을 수 있다. 각 정류장에 투어 버스 도착 시간 확인은 구글 플레이 혹은 앱 스토어에서 'Tainan city bus' 앱 다운 후 영어로 설정 변경, 'E-bus'를 클릭 후 'sightseeing bus western line/ eastern line'을 클릭하면 버스의 위치 및 도착 시간을 확인할 수 있다.

투어 버스 정류장

서쪽	기차역	적감루 赤崁樓	신농가 神農街	안핑 위런마터우 安平漁人碼頭	억재금성 億載金城	타이난 시청 市政中心	샤오시먼 小西門	공자묘 孔廟
동쪽	기차역	샹그리라 호텔 香格里拉飯店	바클레이 기념 공원 巴克禮公園	메이 박물관 奇美博物館	공자묘 孔廟			

투어 버스 스케줄 (타이난 기차역 출발 시간)

서쪽	9:00	10:30	11:00	12:00	14:00	15:00	16:30	17:00	18:00
동쪽	9:30	-	-	12:30	-	15:30	-	-	-

컨딩 관광 투어 버스

대만 관광청에서 운영하는 컨딩 관광 투어 버스는 주요 관광지를 보다 편하고 효율적으로 둘러보고 싶은 여행객들이 이용하면 좋다. 헝춘 버스 터미널에서 출발하는 컨딩 투어 버스는 총 5개 노선을 운행하고 있는데, 그중 동서부 해안을 둘러보는 헝춘반도 1일 투어恆春半島全島旅遊線, 동부 해안을 둘러보는 동해안 반나절 투어恆春半島東海岸線半日遊가 가장 인기가 많다. 버스 내에 무료 와이파이 접속이 가능하며 전문 가이드의 설명과 한국어 오디오 가이드를 제공하기 때문에 전문적이면서 편안하게 투어를 즐길 수 있다. 예약은 전날까지 호텔이나 헝춘 버스 터미널 옆 여행사 센터에서 가능하다. 미리 신청하면 호텔로 픽업도 가능하다. 다른 노선들은 www.taiwantourbus.com.tw에서 날짜별로 예약 가능한 투어를 확인할 수 있다.

컨딩 1일 투어

요금 NT$ 1,700

시간 1인 투어 시간 8:00~18:00(일몰 시간 따라 변동 가능)

코스 픽업 ➔ 항구 흔들 다리 ➔ 용반 공원 ➔ 최남단 포인트 ➔ 어롼비 공원 ➔ 사도 ➔ 선범석 ➔ 점심 ➔ 국립 해양 생물 박물관 ➔ 마오비터우 ➔ 관산 ➔ 복귀(포함 사항: 버스 요금, 점심 식사, 어롼비 공원 티켓, 국립 해양 생물 박물관 티켓, 마오비터우 티켓, 관산 티켓, 보험, 투어 가이드)

컨딩 동해안 반나절 투어

요금 NT$ 500

시간 1인 투어 시간 8:00~12:00

코스 픽업 ➔ 항구 흔들 다리 ➔ 용반 공원 ➔ 최남단 포인트 ➔ 어롼비 공원 ➔ 사도 ➔ 선범석 ➔ 복귀(포함 사항 : 버스 요금, 어롼비 공원 티켓, 보험, 투어 가이드)

Kaohsiung
추천 코스

처음 만나는
가오슝 3박 4일

가오슝과 타이난을 함께
둘러보는
가오슝+타이난 4박 5일

대만 최고의 휴양지로 떠나는
가오슝+컨딩+헝춘 4박 5일

대만의 고적 그리고 미식의 도시
타이난 2박 3일

푸른 하늘 아래
에메랄드빛 바다로 떠나는
컨딩+헝춘 2박 3일 or 3박 4일

가오슝에서 떠나는
타이난, 컨딩 당일치기

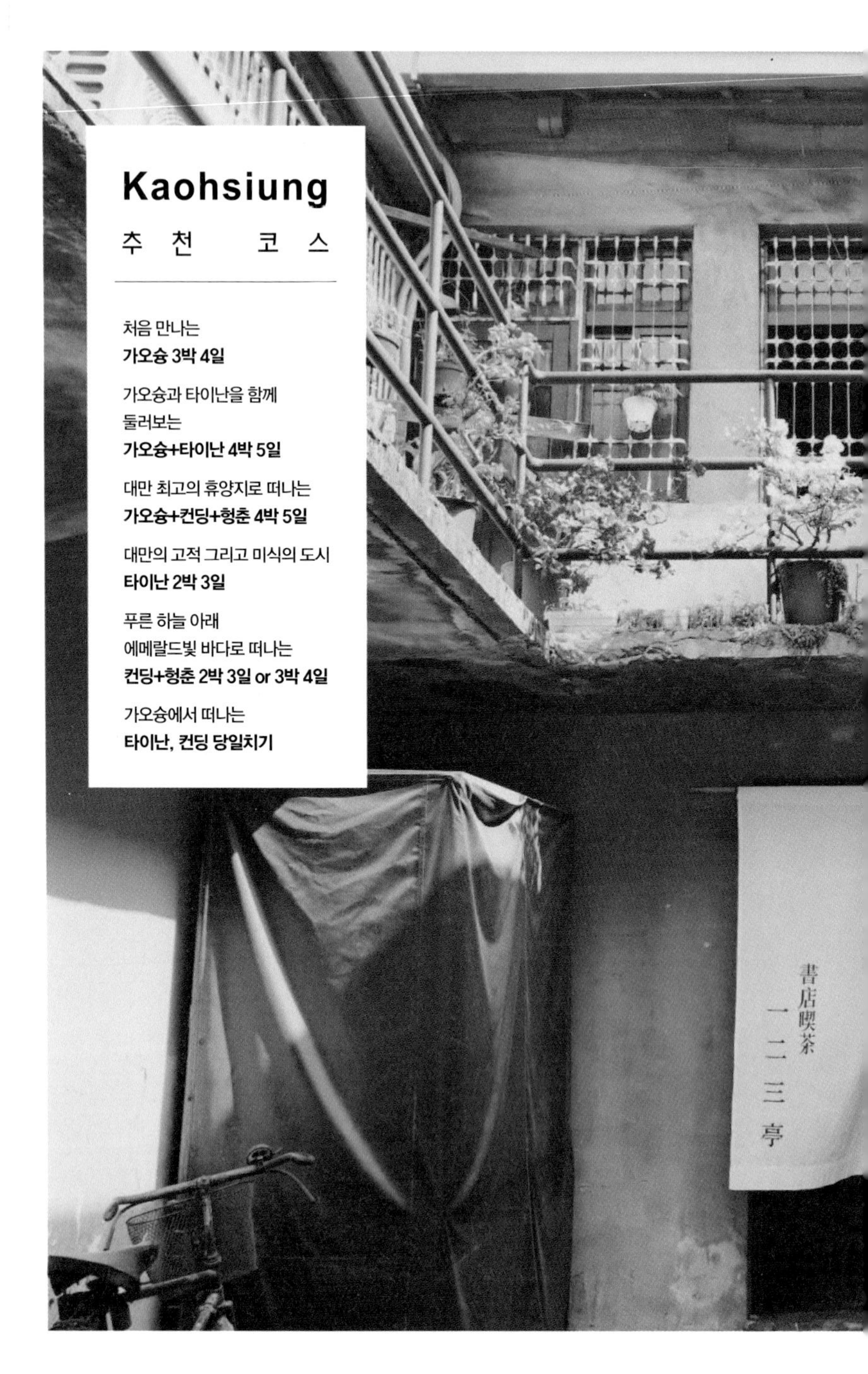

처음 만나는
가오슝 3박 4일

DAY 1

MRT
2분

도보
3분

18:00
노사천
전통 사천식 훠궈 요리

19:30
미려도역
대만에서 가장 아름다운 MRT역

20:00
리우허 관광 야시장
산해진미로 다양한 즐거움이 가득한 야시장

DAY 2

MRT 6분+
도보 7분+
페리 10분

자전거
20분

8:30
흥륭거
현지인들에게 사랑받는 대만식 아침 식사 맛보기

Tip
치진 지역 자전거 산책
자전거를 타고 검은 모래사장과 길게 뻗은 해안가 산책

12:00
치진 해산물 거리
저렴한 가격에 맛보는 신선한 해산물 요리

페리 10분+버스 5분

버스
10분

13:30
타구 영국 영사관
영국식 전통 에프터눈 티 세트를
즐기며 시즈완의 노을 감상

자전거
5분

15:00
보얼 예술 특구
다채로운 전시와 공연들로 언제나
활기가 넘치는 문화 예술 공간

18:30
항원 우육면관
쫄깃한 면발과 부드러운 고기가
일품인 우육면집

자전거
2분

19:30
애하
밤이면 연인들이 산책을 즐기는
로맨틱한 강변

택시
10분

20:30
소우산 커플 관경대
LOVE 조형물 뒤로 아름다운
가오슝의 야경을 바라볼 수 있는 곳

DAY 3

MRT 12분+
버스 8분 +
도보 6분

8:30
노강홍차우내
간단히 아침 식사를 해결하고
수제 누가 크래커를 구입할 수
있는 곳

도보
2분

10:00
연지담
호반 위로 연꽃향이 흐트러져
있는 호수

10:30
용호탑
가오슝 북부 랜드마크

도보
5분

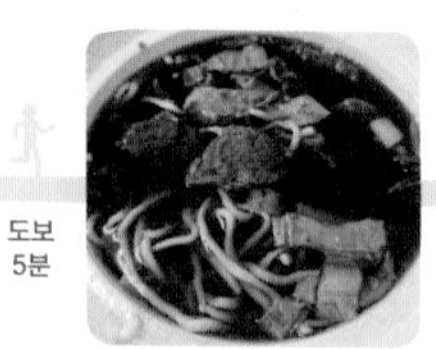

버스 5분 +
MRT16분 +
도보 15분

도보
4분

11:30
삼우 우육면
뛰어난 가성비를 자랑하는 우육면집

13:00
MLD대려
옛 공장을 리모델링 한 후 새롭게 지어진 복합 문화 예술 공간

14:00
큐빅
알록달록 컨테이너들이 모여 떠오르고 있는 핫 플레이스

도보
10분

15:10
가오슝 85빌딩
가오슝의 랜드마크인 빌딩

도보 9분 +
MRT 11분

17:00
한신 아레나
고급 브랜드 매장부터 딘타이펑, 팀호완이 들어선 쇼핑몰

MRT 2분 +
도보 5분

18:30
천수모
〈배틀트립〉에도 나온 분위기 끝판왕의 1인 훠궈 맛집

MRT 2분 +
도보 8분

20:30
루이펑 야시장
현지인들이 가장 사랑하는 야시장

DAY 4

MRT 1분+
도보 3분

지하 1층

10:30
전진자성
잭과 콩나무의 동화 속으로 들어온 듯한 느낌을 주는 자전거 전용 도로

11:00
드림몰
대만 남부 최대 복합 쇼핑센터

11:30
카렌
〈꽃보다 할배〉 출연자들도 반한 즉석 철판 요리

도보 13분 +
MRT 4분

도보
2분

13:00
미니 스즈카 서킷
스트레스를 날려 줄 미니 카트 레이싱

12:30
타로코 테마파크
새롭게 오픈한 남부 최대 놀이 공원

예상 경비(1인 기준) **합계 367,000원~**
숙박비 180,000원~ 교통비 30,000원~ 식비 100,000원~
간식비 20,000원~ 입장료 37,000원~

가오슝과 근교 타이난을 함께 둘러보는

가오슝+타이난 4박 5일

DAY 1

18:00

열품항식찬청

전통 홍콩식 딤섬을 맛볼 수 있는 곳

도보 5분

19:30

미려도역

어느 각도에서 찍어도 인생 사진이 나오는 가오슝 최고의 포토 장소

도보 3분

20:00

리우허 관광 야시장

하루의 마무리를 다양한 간식과 마사지로 할 수 있는 곳

도보 12분 + MRT 5분

21:00

애하지심

조명이 들어온 하트 모양의 다리에서 멋진 야경 감상

9:30

타이난 이동

가오숑 기차역에서 일반 기차를 타고 이동

기차 55분+버스 7분 +도보 2분

11:30

의풍아천동과차

더위를 식혀 줄 달콤하면서 시원한 동과차

도보 20분 or 택시 7분

11:50

적감루

타이난을 상징하는 가장 오래된 고적

버스 15분

13:10

진가가권

안핑 지역 특산품인 신선한 굴 요리를 맛볼 수 있는 곳

도보 3분

14:00

연평 라오제

옛 거리의 모습이 고스란히 남아 있는 곳

도보 5분

14:30

임영태흥밀전

140년 넘게 과일을 설탕이나 꿀에 절인 미지엔蜜餞을 판매하는 가게

도보 5분

15:00

안평고보

안핑 지역에 대한 문화 발전상을 이해할 수 있는 고적

도보 5분

16:00

안평서옥

강한 용수나무들이 뿌리를 내리고 끊임없이 자라나 마치 영화 세트장을 연상시키는 곳

도보 10분

17:00

석유 출장소

366가지 세계 각 지역의 특색 있는 소금 및 염조 작품을 만나 볼 수 있는 전시관

택시 20분

18:30

화원 야시장

타이난의 대표 야시장

DAY 3

10:00
사초녹색수도
대만의 작은 아마존이라 불리는 자연이 형성한 맹그로브 숲

버스 1시간 or 택시 20분

13:00
복기육원
특제 소스를 뿌려 먹는 대만식 미트볼

도보 5분

14:00
타이난 공자묘
1665년에 지어진 대만에서 가장 오래된 공자묘

도보 3분

14:30
부중가
아기자기한 예쁜 카페와 상점들이 있는 산책하기 좋은 골목길

버스 15분

15:30
가오슝 이동
타이난 기차역에서 일반 기차를 타고 이동

기차 55+ MRT 6분

17:30
성시광랑
어두운 공원을 화려한 불빛들로 밝혀 주는 곳

도보 12분

18:30
복소만
몸 보신하기 좋은 장어요리 맛집

도보 5분

19:50
빙.탑일문화점
큼지막한 과일과 달콤한 아이스크림으로 SNS에서 핫한 빙수집

DAY 4

10:00
연지담
관우 동상, 춘추각과 공자묘, 용호탑 등의 크고 작은 사찰들이 함께 어우러져 있는 가오슝 대표 호수

버스 20분 + 도보 10분

12:30
천수모
가성비는 물론 분위기 끝판왕의 훠궈 집

MRT 10분 +도보 10분

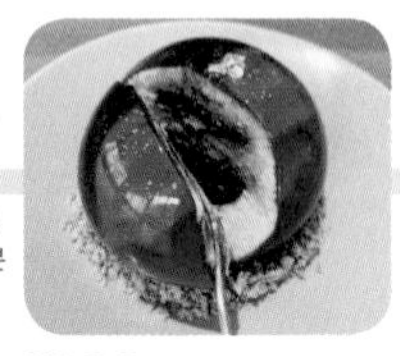

14:30
츄 밋
매일 한정 판매하는 디저트로 SNS에서 소문난 곳

16:00
서자만
대만 남부 8경에 손꼽히는 명소

도보 7분

16:30
타구 영국 영사관
단수이의 홍마오청과는 또 다른 느낌의 이국적인 건물

도보 7분
+버스 8분

17:30
하마싱흑기어환대왕
신선한 돛새치로 만든 탱글하고 부드러운 어묵 맛집

도보 10분

18:10
보얼 예술 특구
관광객들이라면 꼭 방문해야 하는 필수 코스

도보 5분

19:30
나우 앤 댄
브런치와 스페셜 커피가 일품인 분위기 깡패로 소문난 카페

도보 7분

20:30
애하
강변을 따라 길게 늘어진 가로등길 아래로 산책하기

도보 6분 + MRT 5분 + 버스 8분

DAY 5

9:20
노강홍차우내
부드러운 홍차와 간단한 식사로 아침 식사 해결

택시 12분

10:00
우바오춘 베이커리
세계 베이커리 대회에서 금상을 수상한 맛집

버스 5분
+도보 5분

11:00
카페 자연성
2014년 세계 바리스타 대회에서 우승한 챔피언이 오픈한 카페

도보 7분

12:00
성품 서점
대만의 No1. 서점

도보 2분

12:40
우사
달콤한 팬케이크와 여성들을 취향 저격하는 디저트 맛집

예상 경비(1인 기준)
합계 488,000원~

숙박비 240,000원~
교통비 26,000원~
식비 130,000원~
간식비 75,000원
입장료 17,000원~

대만 최고의 휴양지로 떠나는

가오슝+컨딩+헝춘 4박 5일

DAY 1

18:00
화달 밀크티
가오슝 3대 나이차(밀크티)로 불리는 곳

도보 8분

18:30
항원 우육면관
한국인들에게 인기 있는 현지 우육면집

도보 7분

19:30
애하
가오슝에 흐르는 낭만적인 강변

택시 12분

20:30
소우산 커플 관경대
떠오르는 연인들의 데이트 코스

DAY 2

9:30
컨딩 이동
가오슝 줘잉역에서 컨딩 콰이시엔 타고 컨딩으로 이동

버스 약 2시간 30분

12:30
에이미스 쿠치나
이태리 정통 음식을 판매하는 컨딩 대가의 인기 레스토랑

스쿠터 약 20분

14:00
사도
순도 98%의 모래로 이루어진 컨딩에서 가장 아름다운 해수욕장

스쿠터 약 10분

15:00
어롼비 공원
대만 8대 절경으로 불리는 최남단에 위치한 공원

스쿠터 약 40분

17:30
관산
CNN에서 뽑은 일몰 베스트 12곳 중 한 곳

스쿠터 약 35분

18:40
헝춘출화
지하에서 새어 나오는 천연가스로 인해 꺼지지 않는 불꽃을 감상할 수 있는 명소

스쿠터 약 23분

19:30
컨딩 대가
컨딩의 최대 번화가

10:00

국립 해양 생물 박물관

전 세계의 다양한 해상 생물을 만나 볼 수 있는 전시관 & 숙박 시설 구비

스쿠터
약 20분

12:30

헝춘 라오제

일본식 건물들이 잘 보존돼 있는 헝춘에서 가장 오래된 거리

스쿠터
약 20분

14:00

가오숑 이동

컨딩 대가에서 버스 타고 가오숑으로 이동

버스 약 2시간 30분
+MRT 14분

17:30

성품 서점

사방이 계단식으로 오픈돼 있는 플래그십 스토어

도보
10분

18:30

남풍루육판

현지인들이 즐겨 찾는 루러우판

도보
5분

20:00

토토로 카페

드라이 플라워가 천장을 가득 매워 향긋한 꽃 향기와 〈이웃집 토토로〉 캐릭터들이 반기는 카페

10:00

교두당창 예술촌

오래된 철길과 나무들이 이색적인 풍경을 자아내는 곳에 위치한100년 넘은 설탕 공장

MRT 18분+
버스 5분+도보 5분

12:00

삼우 우육면

용호탑 구경 후 한 끼 식사하기 좋은 우육면집

도보
5분

13:00

연지담

자전거 대여 후 호숫가를 천천히 산책하기 좋은 스폿

버스 10+
MRT 16분+
도보 10분

15:30
MLD대려
볼거리와 즐길 거리가 가득한 복합 레저 단지

도보 5분

16:30
큐빅
건대 입구의 커몬 그라운드를 연상시키는 컨테이너들이 인상적인 곳

도보 10분

17:00
가오슝 85빌딩
대만에서 두 번째로 높은 건물이자 가오슝의 랜드마크

도보 8분

18:00
남풍루육판
3대가 계속 영업을 해오고 있는 현지 루러우판 맛집

도보 10분
+MRT 4분

19:20
미려도역
4,500여 개의 유리 조각으로 만들어진 유리 공예 작품이 있는 MRT역

도보 3분

19:50
리우허 관광 야시장
가오슝 시내 중심가에 위치해 있는 최대 규모의 야시장

DAY 5

Tip
치진 지역 자전거 산책
자전거를 타고 검은 모래사장과 길게 뻗은 해안가 산책

페리 5분+
도보 10분

12:00
보얼 예술 특구
대만의 젊은 예술가는 물론 세계 유명 예술가들의 작품이 전시된 복합 문화 예술 단지

예상 경비(1인 기준) 합계 462,500원~
숙박비 250,000원~ 교통비 85,000원~ 식비 60,000원~ 간식비 37,000원~
입장료 30,500원~

대만의 고적 그리고 미식의 도시
타이난 2박 3일

DAY 1

9:30
안평서옥
폐허를 뒤덮은 용수나무가 만든 관광 명소

도보 7분

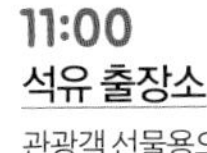

11:00
석유 출장소
관광객 선물용으로 인기인 366가지의 탄생 염을 판매하는 곳

도보 10분

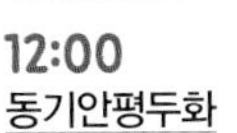

12:00
동기안평두화
부드럽고 담백한 더우화 맛집

도보 7분

12:40
주씨하권
50년의 역사를 간직한 현지 맛집

버스 20분 +도보 10분

14:30
신농가
타이난시에서 가장 완벽히 옛 모습을 보존하고 있는 거리

도보 20분

16:30
적감루
타이난의 역사를 둘러보고 해 질 녘 붉은 노을을 감상할 수 있는 명소

도보 8분

18:00
도소월
타이난 대표 요리 단자이미엔의 원조

도보 10분

19:30
란사이투 문화 창의 단지
개성 넘치는 디자인 상점과 카페, 레스토랑들이 들어선 가장 활기 넘치는 예술 공간

10:00
사초녹색수도
햇살을 가려주는 숲 사이를 유유자적 배를 타며 관광할 수 있는 맹그로브 숲

버스 50분 +도보 7분

13:00
정흥 거리
타이난의 오래된 건물들에 특색 먹거리, 카페, 달콤한 디저트 가게들이 들어서 이색적인 분위기로 떠오른 핫 플레이스

도보 2분

13:30
태성수과점
메론 빙수로 유명한 빙수집

도보 5분

14:30
달팽이 골목
주택가 사이에 위치한 조용하고 평화로운 달팽이들의 골목

도보 6분

15:10
하야시 백화점
80년의 역사를 고스란히 간직한 대만에서 두 번째로 지어진 국가 고적 백화점

도보 5분

16:00
국립 타이완 문학관
대만 문학에 있어 매우 가치가 높은 자료들이 전시된 곳

도보 2분

17:00
도소월
타이난의 대표 면 요리인 단자이미엔의 본점

택시 10분 or 버스 10분 + 도보 15분

18:30
화원 야시장
대만 관광청이 뽑은 대만 10대 야시장에서 최우수 야시장으로 뽑힌 곳

9:30

연평군왕사

예전 네덜란드를 타이난에서 몰아낸 영웅 정성공을 모신 곳

버스 10분

10:30

타이난 공자묘

매년 9월 28일 공자 탄신일에 맞춰 제사 의식을 행하는 곳

도보 5분

11:20

리리 과일점

계절에 따라 100여 종류의 과일 빙수가 인기인 현지인 추천 빙수 집

도보 6분

12:10

부중가

어르신들은 물론 주말이면 젊은이들의 데이트 장소로도 인기인 상점가

도보 5분

12:50

착문가배

고풍스러우면서 빈티지한 분위기의 낭만적인 실내로 반전 매력을 안겨 주는 카페

버스 20분

14:30

321 예술 특구

최근 젊은 예술가들이 모여들면서 조용한 마을을 새롭게 재탄생시킨 핫 플레이스

예상 경비(1인 기준) **합계 212,000원~**

숙박비 110,000원~ 교통비 12,000원~ 식비 40,000원~ 간식비 38,000원~ 입장료 12,000원~

푸른 하늘 아래 에메랄드빛 바다로 떠나는
컨딩+헝춘 2박 3일 or 1박 2일

컨딩 2박 3일

DAY 1

13:30
선범석
돛단배를 닮은 거대한 산호초

스쿠터 15분

14:30
어롼비 공원
하얀 등대와 함께 바라보는 이국적인 풍경

스쿠터 40분

16:00
용반 공원
석회암석들이 솟아 있는 해안가에서 넓게 펼쳐진 태평양 감상

스쿠터 35분

17:20
컨딩 대가
땅거미 지면 순식간에 야시장으로 변하는 거리

DAY 2

10:00
만리동
바닷속 아름다운 암초와 다양한 생물들을 관찰할 수 있는 다이빙 포인트

도보 1분

Tip
스노클링 or 스쿠버 다이빙
맑고 아름다운 컨딩의 바닷속을 만나보자

스쿠터 15분

15:00
국립 해양 생물 박물관
바다 속 환경을 그대로 재현한 박물관

스쿠터
30분

17:30
관산

넓게 펼쳐진 대만의 푸른 바다와 하늘이 붉게 물드는 일몰을 감상할 수 있는 곳

스쿠터
40분

19:00
적적샤오츠

컨딩의 신선한 해산물로 만든 동남아시아의 특색 있는 음식들을 맛볼 수 있는 곳

DAY 3

10:00
헝춘 라오제

헝춘 고성을 따라 조성된 고즈넉한 거리

도보
5분

10:30
아가적가

대만 영화 〈하이자오 7번지〉 속 촬영지

도보
3분

11:10
가고조미녹두찬

녹두를 넣은 달콤한 빙수 맛집

도보
15분

12:00
루징 매화록 생태 목장

대만 고유의 사슴인 매화록을 만날 수 있는 곳

도보
12분

14:00
헝춘 3000 맥주 박물관

전 세계에서 수집한 3,000여 종의 맥주와 벽면에 장식된 모나리자 만으로 충분히 방문해 볼 가치가 있는 곳

예상 경비(1인 기준)
합계 279,000원~ / 357,500원~
숙박비 160,000원~
스쿠터 45,000원~
스노클링 / 스쿠버
14,000원~ / 92,500원~
식비 28,000~
입장료 32,000원~

컨딩 1박2일

DAY 1

16:00
백사만
캠핑과 해양 스포츠를 즐길 수 있는 곳

스쿠터 20분

17:20
관산
산 정상에서 붉게 물드는 대만 바다의 노을 감상 포인트

스쿠터 35분

19:00
컨딩 대가
즐길 거리, 먹거리가 가득한 컨딩 최고의 번화가

DAY 2

9:30
용반 공원
절벽 아래로 보이는 푸른 바다가 일품인 곳

스쿠터 15분

10:20
어롼비 공원
드넓은 초원과 야자수, 푸른 바다가 함께 어우러져 있는 곳

스쿠터 10분

12:20
사도
고운 모래와 에메랄드빛 바다가 펼쳐진 해안가

스쿠터 20분

13:30
여남활해선
해산물이 싱싱하면서 가성비가 좋은 컨딩에서 가장 오래된 해산물 식당

예상 경비(1인 기준) 합계 137,500원~
숙박비 80,000원~
스쿠터 23,000원~
식비 30,000원~
입장료 4,500원~

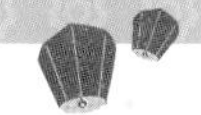

가오슝에서 떠나는 타이난, 컨딩 당일치기 여행

타이난 당일치기 타이난 이동 → 적감루 → 신눙가 → 안핑 → 가오슝 이동

DAY 1

9:00
타이난 이동
가오슝 기차역에서 일반 기차를 타고 타이난으로 이동

기차 58분 + 버스 5분 + 도보 5분

11:00
적감루
타이난을 상징하는 가장 오래된 고적

도보 15분

12:30
신눙가
젊은 예술가들이 들어와 새롭게 생명을 불어넣으며 카페, 레스토랑, 술집과 상점으로 점차 늘어나면서 젊은이들에게 핫플레이스로 떠오르는 곳

버스 20분

15:30
안핑
안평서옥, 석유 출장소와 같은 관광 명소들이 모여 있는 곳

버스 30분

19:30
가오슝 이동
타이난 기차역에서 일반 기차를 타고 가오슝으로 이동

컨딩 당일치기

컨딩 이동 → 컨딩 대가 → 용반 공원 → 어롼비 공원 → 사도 → 선범석 → 컨딩 대가 → 가오슝 이동

DAY 1

8:30
컨딩 이동

가오슝 줘잉역에서 컨딩 콰이시엔을 타고 컨딩으로 이동

버스 약 2시간 30분

11:00
컨딩 대가

컨딩 도착 후 스쿠터 대여하기

도보 3분

Tip

식사 및 스쿠터 대여

야자수들이 길게 뻗은 도로를 따라 달리며 컨딩 해안가 둘러보기

스쿠터 35분

13:20
용반 공원

일출과 별을 보기에 좋은 현지인 추천 스폿

스쿠터 15분

14:20
어롼비 공원

대만 8대 절경으로 불리는 대만 최남단의 공원

16:20
사도

순도 98%의 모래로 이루어진 해수욕장으로 컨딩에서 가장 아름다운 모습을 간직하고 있는 곳

스쿠터 7분

17:00
선범석

수중 환경이 잘 보존돼 있는 인기 스노클링 포인트

스쿠터 15분

17:40
컨딩 대가

스쿠터 대여점에서 스쿠터 반납

도보 3분

18:00
가오슝 이동

컨딩 대가에서 버스를 타고 가오슝으로 이동

足前屋
糰子小舖

Kaohsiung
지역 여행

가오슝
미려도 / 시즈완 / 옌청푸 /
줘잉 / 중앙 공원 / 삼다 상권
가오슝 남부

타이난
타이난 시내 / 안핑

컨딩

헝춘

가오슝

高雄

가오슝은 대만 남부에서 가장 큰 도시이자 대만 제2의 대도시다. 일찍이 항구의 발달로 철강과 석유 화학업이 발달한 최대의 공업 도시로 한국의 부산과 비슷한 모습의 가오슝은 타이베이보다 온화한 기후에 푸른 바다와 산이라는 풍부한 자원을 바탕으로 새로운 문화 관광 도시로 빠르게 탈바꿈하고 있다. 낭만적인 곤돌라를 타고 도심 속 모습을 바라볼 수 있는 아이허, 고층 빌딩들이 높게 뻗어 솟아 마천루와 스카이라인을 완성시키는 가오슝의 랜드마크 가오슝 85빌딩, 길게 뻗은 해안가를 따라 붉은 노을이 내려앉는 치진섬, 복합 문화 예술 단지인 보얼 예술 특구와 신선한 해산물을 저렴하게 즐길 수 있는 야시장까지 볼거리와 먹거리로 여행자들을 유혹하고 있다.

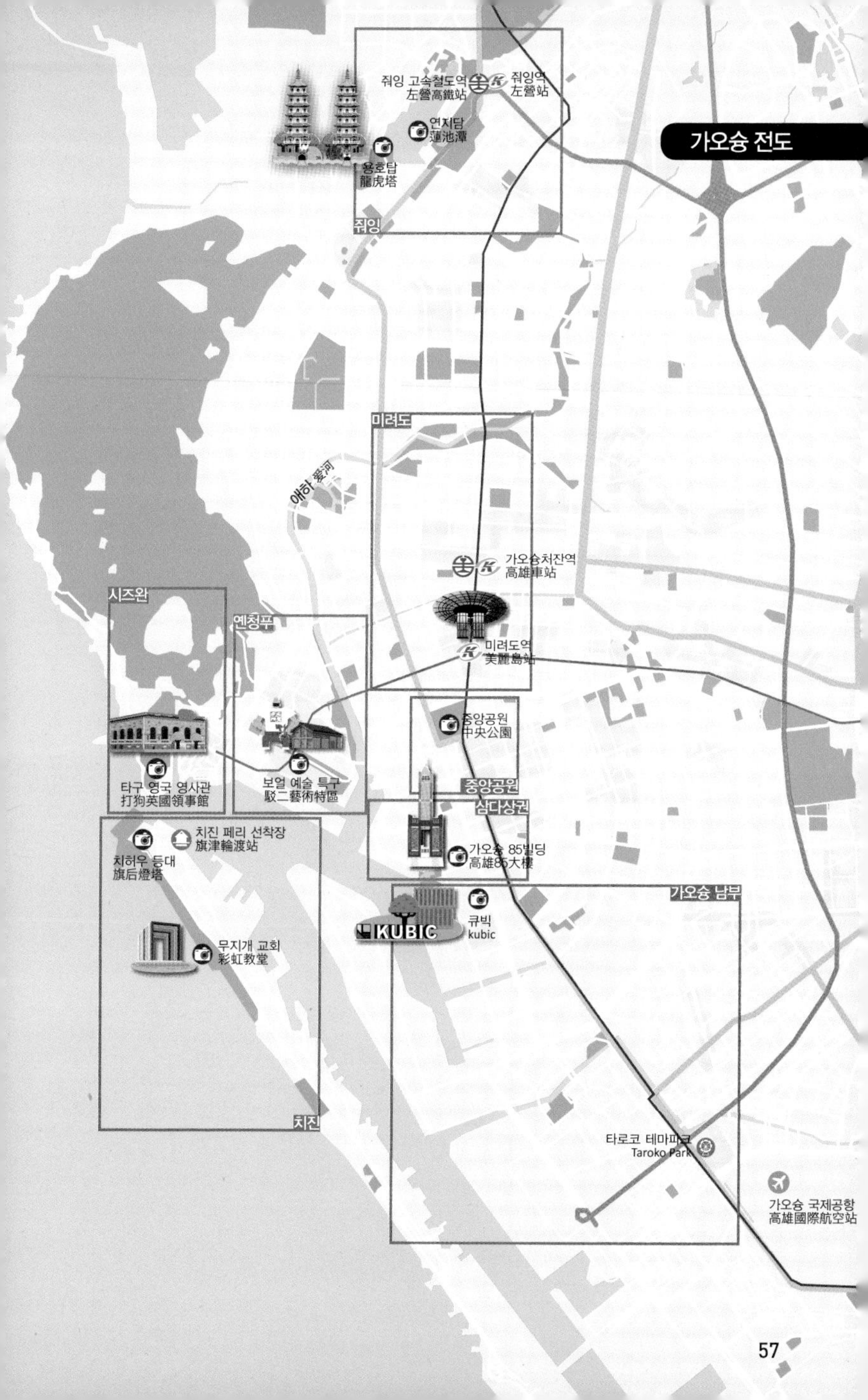
쭤잉 고속철도역
左營高鐵站
쭤잉역
左營站
롄치탄
蓮池潭
용호탑
龍虎塔
쭤잉
미려도
애하 愛河
가오슝처잔역
高雄車站
미려도역
美麗島站
시즈완
옌청푸
중앙공원
中央公園
중앙공원
타구 영국 영사관
打狗英國領事館
보얼 예술 특구
駁二藝術特區
싼둬상권
치진 페리 선착장
旗津輪渡站
치허우 등대
旗后燈塔
가오슝 85빌딩
高雄85大樓
가오슝 남부
큐빅
kubic
KUBIC
무지개 교회
彩虹教堂
치진
타로코 테마파크
Taroko Park
가오슝 국제공항
高雄國際航空站

가오슝 교통

가는 법

타이베이, 타이난 - 가오슝

❖ 고속철

- 타이베이 메인역에서 가오슝 쭤잉左營역까지 매 시간 4~5편 운행하며, 소요 시간은 편명에 따라 1시간 30분~2시간 정도다. 요금은 일반석 NT$ 1,490, 비즈니스석 NT$ 2,440다.
- 타이난 고속 철도역에서 가오슝 쭤잉역까지 약 12분 정도 소요되며 요금은 일반석 NT$140, 비즈니스석 NT$ 410다.

❖ 기차

- 타이베이 메인역에서 가오슝 기차高雄역까지 매 시간 2~3편 운행하며. 즈치앙하오自強 는 약 5시간 소요되며 요금은 NT$ 843, 쥐광하오莒光는 편수에 따라 5~7시간 소요되며 요금은 NT$ 650다.
- 타이난 기차역에서 가오슝 기차역까지 매시간 3~5편 운행하며 약 1시간 소요된다. 요금은 NT$ 68다.

고속철도

시내 교통

❖ MRT

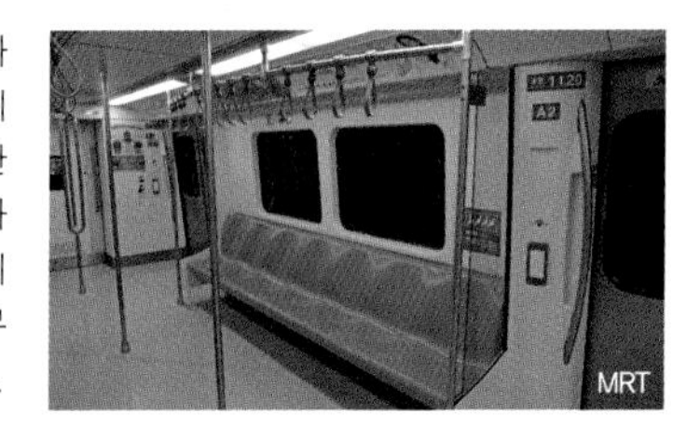

가오슝 지하철 MRT는 2개 노선이 있다. 남북을 가로지르는 레드 라인과 동서를 가로지르는 오렌지 라인에 총 38개 MRT역이 운행된다. 시내 주요 관광지가 집중돼 있는 가오슝 기차역, 미려도역, 삼다 상권, 시즈완, 쥐잉, 중앙공원 등 대부분의 관광지는 MRT로 이동이 가능하다. 역 간의 간격이 대부분 1, 2분 정도로 가까우며 기본요금은 NT$ 20다.

사용 방법

- **1회용 토큰** : MRT 개찰구에 옆에 있는 자동판매기에서 원하는 목적지를 선택 후 구매 수량을 선택하면 해당 금액이 표시된다. 금액을 투입하면 토큰과 함께 잔돈이 나온다.
- **1-Day 카드** : 요금은 NT$150이며 개시한 날 무제한으로 MRT를 탑승 할 수 있다.
- **2-Day 카드** : 요금은 NT$250이며 개시한 날과 다음 날까지 무제한으로 MRT를 탑승할 수 있다.
  ※Day 카드는 모든 MRT 개찰구에서 구입 가능하다.

주의 사항

- MRT 내에서는 음식물 섭취가 불가능하다.

❖ LRT(경전철)

가오슝 경전철은 2016년에 새롭게 개통된 교통 수단으로, 대만에서 첫 번째로 운행을 시작한 라이트 레일이다. 가오슝을 대표하는 '물'과 '산'을 상징하는 색으로 디자인된 경전철은 C1 리즈네이籬仔內부터 C14 하마싱哈瑪星까지 14개 역이 운행되며 앞으로 C37 역까지 확장할 예정이다. 기본요금은 NT$ 30로 MRT보다 조금 비싸다.

사용 방법

플랫폼에 있는 자동판매기에서 목적지와 수량을 선택 후 토큰을 구입 혹은 이지카드, 아이패스, 아이캐시를 탑승 시 터치하면 된다.

- 승차 및 하차 시에는 문 플랫폼에 정차 후 문에 있는 버튼을 눌러야만 문이 열린다.

❖ 버스

MRT 다음으로 자주 이용하는 교통수단으로, 시내와 근교에 총 208개의 노선을 운행하며 44개 노선은 MRT와 연결된다. 여행객들은 주로 가오슝 근교 지역으로 이동할 때 이용하게 된다. 기본요금은 NT$ 12며 거리에 따라 요금이 추가된다. 이용하는 방법은 탑승 시 요금을 지불하면 되는데 이지카드 및 아이패스 사용이 가능하다.

❖ 택시

가장 편리한 교통수단으로, 가오슝 시내 기본요금은 NT$ 85로 1.5km 이후 250m마다 NT$ 5가 추가된다. 23:00~다음 날 6:00 심야 시간에는 20% 할증이 추가된다. 편리한 만큼 요금이 비싸서 여행객들은 이용 빈도가 낮다.

아이패스 iPass 一卡通

아이패스는 타이베이의 이지카드, 한국의 티머니와 같은 교통 카드로, 가오슝 내 MRT, 경전철, 버스, C-BIKE, 페리 등을 이용할 수 있는 교통카드다. 구입 가격은 NT$100며 공항, 편의점, MRT 개찰구에서 구입 가능하다. 구입 후 환불은 불가능하다. 아이패스 이용 시 15% 할인을 받기 때문에 가오슝에서 주로 대중교통을 이용할 계획이라면 아이패스를 구입하는 것이 경제적이다. 타이난, 컨딩 등 다른 도시에서도 사용 가능하며 편의점에서 물건 구입도 가능하다.

❖ C-BIKE

공공 자전거로 MRT역 주변과 시내 곳곳에서 쉽게 대여할 수 있다. 요금도 저렴하고 편리하기 때문에 시민들은 물론 최근 들어 여행객들도 자주 이용하는 교통수단이다. 아이패스 및 신용카드로 결제 가능하며 기본 30분은 무료다. 이후 60분까지는 NT$ 5, 61~90분까지는 NT$ 10, 91분 이후는 매 30분 마다 NT$ 20가 추가된다.

사용 방법

✔ 대여

1 아이패스 혹은 신용카드를 모니터 옆에 올려놓고 모니터에 **信用卡租/還車** 를 선택 후 **信用卡租** 터치
2 신용카드 번호 / 유효 기간 / CVC 번호를 입력 후 **確認** 을 선택
3 **租車** 를 터치
4 이후 **確認** 를 연속으로 선택
5 원하는 자전거를 확인 후 자전거 번호를 입력 후 **確認** 터치
6 이후 자전거가 놓여 있는 번호를 확인 후 자전거가 있는 곳으로 가서 빨간색 버튼을 누른다.
* 아이패스로 대여 시 인증 번호를 받을 수 있는 현지 연락처가 필요하기 때문에 현지 유심이 없을 경우 신용카드로(Visa, Master) 만 이용이 가능하다.
* 안드로이드 Play 스토어 혹은 앱 스토어에서 C-BIKE 앱을 다운로드 한 후 실행하면 C-BIKE 대여 장소와 대여 가능한 자전거 수량 및 반납 가능한 공간을 확인할 수 있다.
可借 은 대여 가능한 자전거 수량, **可停** 은 반납 가능한 공간을 뜻한다.

✔ 반납

1 C-BIKE 대여 및 반납 장소를 찾은 후 빈 곳을 찾는다.
2 자전거를 밀어 넣은 후 녹색 불이 들어오는 것을 확인 후 잠금이 되었는지 확인 한다.
3 아이패스 혹은 신용카드를 모니터 옆에 올려 놓고 모니터에 <**信用卡租/還車**>를 선택 후 **還車** 터치하고 안내 사항에 따라 진행한 후 이용 요금을 확인하면 된다.

C BIKE

가오슝의 중심지

미려도

美麗島

가오슝 MRT의 유일한 환승역인 미려도역은 시내 중심가이자 역 주변으로 호텔이 많고 대만에서 가장 아름다운 MRT역과 가장 큰 리우허 관광 야시장이 있어 꼭 한 번은 방문하게 되는 지역이다. 미려도역 부근으로는 볼거리가 많지 않기 때문에 다른 지역을 둘러보고 오후에 주변의 시의회역, 허우이역과 함께 여행하는 것이 좋다.

대중적인 추천 COURSE

유격병가 —도보 13분→ 애하지심 —도보 8분 + MRT 6분→ 열품항식찬청 —도보 5분→ 불이가 —도보 8분 + MRT 2분→ 츄 밋 —도보 6분 + MRT 2분→ 미려도역 —도보 3분→ 리우허 관광 야시장

TIP

- 대만식 전통 아침 식사를 먹어보고 싶다면 미려도역으로 가 보자. 미려도역 주변으로는 오래된 현지 식당들이 아침부터 영업을 하기 때문에 저렴한 가격으로 든든히 아침 식사를 해결할 수 있다.
- 리우허 관광 야시장은 MRT 미려도역 11번 출구에서 가장 가깝지만 계단이 꽤 많아 에스컬레이터가 있는 1번 출구로 나간 후 오른쪽으로 돌아 11번 출구 쪽으로 가는 것이 조금 더 편하다.

미려도
애하지심
愛河之心
가오슝 시립 객가 문물관
高雄市立客家文物館
유격병가
維格餅家
페이퍼 플레인 호스텔
Paper Plane Hostel
허우이역 後驛站
면과자공방
綿菓子工坊
가오슝처잔역
高雄車站
가오슝 기차역 여행자 정보 센터
카인드니스 호텔
Kindness Hotel
싱글 인 Single Inn
저스트 슬립
Just Sleep
리우허 관광 야시장
六合觀光夜市
더 트리하우스
the tree house
정노패목과우내
鄭老牌木瓜牛奶
츄 밋
chu meet
노강홍차우내
老江紅茶牛奶
등사부공부채
鄧師傅功夫菜
미려도역
美麗島站
호텔 두아
Hotel Dua
신이궈샤오역
信義國小站
흥륭거
興隆居
그리트 인
Greet Inn
불이가
不二家
희팔가배점
喜八珈琲店
흑교패
黑橋牌
열품항식찬청
悅品港式餐廳
스이후이역
市議會
노리배골소탕
老李排骨酥湯
아이콘 호텔
Icon Hotel
전김육조반
前金肉燥飯
중앙 공원
中央公園
중앙공원역
中央公園站
성시광랑
城市光廊
복소만
僕燒饅

아름다운 빛의 향연

미려도역 美麗島站 [메이리다오잔]

주소 高雄市新興區中山一路115號 **위치** MRT R10, O5 메이리다오(美麗島)역에서 하차 **시간** 6:00~24:00

미려도역은 가오슝에서 유일한 MRT 환승역으로, 대만에서 가장 아름다운 역이자 미국 부츠앤올BootsnAll에서 선정한 세계에서 가장 예쁜 15개 지하철 중 2등에 이름을 올린 곳이다. 미려도 중앙에는 이탈리아 유리 공예 예술가 나르키수르 쿠아글리아타Narcissus Quagliata가 설계한 '빛의 돔'이라는 작품이 눈에 들어오는데, 이 기둥을 중심으로 약 4,500여 개의 유리 조각을 사용해 바람, 불, 흙, 물을 표현하고 있다. 유리 조각들을 자세히 보면 각 테마별로 탄생부터 소멸까지 윤회 과정을 잘 담고 있으며 매일 정해진 시간에 약 3분가량 웅장하면서도 신비로운 빛의 축제를 감상할 수 있다.

가오슝 최대 관광 야시장

리우허 관광 야시장 六合觀光夜市 [리우허관광예스]

주소 高雄市新興區六合二路 **위치** MRT R10, O5 메이리다오(美麗島)역 11번 출구에서 직진 후 왼쪽(도보 1분) **시간** 17:00~다음 날 1:00(점포마다 다름)

대만의 유명한 야시장 중 하나인 리우허 관광 야시장은 가오슝 시내 중심가에 있다. 낮에는 차도로 이용되다가 오후 5시 이후로는 차량 통행이 통제되면서 야시장이 들어서는데, 총 길이 약 380m에 달하는 도로 위로 100여 개의 가게가 들어서 있다. 신선한 해산물을 판매하는 음식점들이 대부분이다. 넓은 도로 위에 자리 잡아 다른 야시장들에 비해 둘러보기 편리하지만 현지인들보다는 관광객들이 주로 찾기 때문에 가격은 다른 야시장에 비해 약간 높은 편이다.

향긋한 파파야 우유를 판매하는 곳

정노패목과우내 鄭老牌木瓜牛奶 [정라오파이무과니우나이]

주소 高雄市新興區六合二路 **위치** 리우허 관광 야시장(六合觀光夜市) 초입 **시간** 17:00~다음 날 1:00 **가격** NT$ 60 **전화** 07-286-3074

리우허 관광 야시장 초입에 위치한 이곳은 40년 넘게 리우허 관광 야시장을 지켜온 곳이다. 대만의 전 총통인 마잉지우馬英九도 방문해서 파파야 주스를 마셨을 정도로 야시장을 대표하는 명물이다. 인기 메뉴인 파파야 우유는 핑동현에서 자란 고급 파파야에 대만 현지에서 당일 생산한 신선한 우유와 특제 시럽을 함께 넣어 만들기 때문에 다른 곳과 비교하면 확실히 달콤하면서 부드러운 것을 느낄 수 있다. 파파야 주스 외에도 다른 과일 주스도 판매한다.

간단하게 즐기는 대만식 아침 식사

노강홍차우내 老江紅茶牛奶 [라오장홍차니우나이]

주소 高雄市新興區南台路51號 **위치** MRT R10, O5 메이리다오(美麗島)역 1번 출구에서 왼쪽 도로 따라 직진(도보 3분) **시간** 7:30~다음 날 2:00 **가격** NT$ 30~(홍차), NT$ 35~(토스트) **홈페이지** laochiang.com **전화** 07-287-7317

60년 역사를 간직하고 있는 식당으로, 현지인들이 아침을 해결하기 위해 즐겨 찾는 곳이다. 다양한 맛의 차, 토스트 및 단빙蛋饼과 같이 간단히 식사 메뉴를 판매하고 있는데 그중에서 홍차 밀크티와 소시지 계란 토스트가 가장 인기가 많다. 좋은 재료들만을 사용해서 다른 식당들에 비하면 가격이 조금 비싼 편인데, 특히 토스트 기계는 1963년 미국 군함에서 사용하던 것을 그대로 가져와 지금까지 줄곧 사용해 오고 있다. 식사 외에도 수제 누가 크래커도 판매하고 있는데 타이베이의 미미 크래커와 비슷한 맛을 느낄 수 있다.

토란이 들어간 색다른 카스텔라

불이가 不二家 [부얼지아]

주소 高雄市新興區中正四路31號 **위치** MRT R10, O5 메리이다오(美麗島)역 2번 출구에서 도보 3분 **시간** 8:30~21:30 **홈페이지** www.omiyage.com.tw **전화** 07-241-2727

원래 이름은 펑라이蓬萊 베이커리로 1938년에 처음 문을 열었다. 그 후 매장을 여러 번 옮기다가 지금의 중정루中正路로 이전하면서 이름도 불이가로 변경했다. 불이가에서 다양한 디저트를 판매하는데, 오래된 역사만큼 퀄리티 또한 뛰어나다. 대표 메뉴는 토란으로 속을 채운 카스테라 빵 전위터우真芋頭, 부드러운 롤 위에 견과류를 올린 나포룬파이拿破崙派로 두 메뉴는 매일 품절될 정도로 인기가 많아 오후 4시 전에 방문하는 것이 좋다.

귀여운 점장이 반겨주는 카페

희팔가배점 喜八珈琲店 [시바페이지아디엔]

주소 高雄市新興區南台路43巷21號 **위치** MRT R10, O5 메리이다오(美麗島)역 2번 출구에서 오른쪽 도로 따라 직진 후 왼쪽 3번째 골목 안(도보 7분) **시간** 10:30~20:00 (월, 수~금), 10:00~20:00(토, 일) **휴무** 화요일 **가격** NT$ 120~ **홈페이지** www.facebook.com/shibaRND **전화** 07-281-2875

오래된 주택을 새롭게 인테리어 해서 오픈한 카페. 눈에 띄는 초록색 타일을 지나 매장 안으로 들어서면 가장 먼저 이곳의 점장이 반갑게 반겨 주는데, 바로 '한지'라는 이름의 시바견이 카페의 마스코트이자 점장으로 언제나 손님들의 인기를 독차지 하고 있다. 2층으로 올라가면 옛 모습을 그대로 간직하고 있는 실내에 빈티지 느낌의 가구들이 어울려 모던하면서도 클래식한 분위기를 느낄 수 있다. 커피, 차와 같은 음료 이외에도 밥에 녹차를 부어 먹는 오자츠케, 일본식 주먹밥 오니기리와 같이 색다른 브런치를 만나 볼 수 있다.

뛰어난 퀄리티의 딤섬 레스토랑

열품항식찬청 悅品港式餐廳 [웨핀강스찬팅]

주소 高雄市新興區林森一路165號 **위치** MRT R10, O5 메이리다오(美麗島)역 6번 출구로 나가서 우회전 후 직진(도보 2분) **시간** 11:30~14:00(점심), 14:30~17:00(애프터눈티), 17:30~21:00(저녁) **가격** NT$ 30(테이블 차지, 1인) **홈페이지** www.hoteldua.com.tw **전화** 07-536-2999

두아 호텔 3층에 있는 레스토랑으로, 가오슝에서 최고급 딤섬 레스토랑이자 대만 레스토랑 순위 Top3에도 뽑힌 곳이다. 꽤 넓은 내부에는 항상 손님들로 붐비기 때문에 점심, 혹은 저녁 식사 시간에는 반드시 미리 예약 후 방문하는 것이 좋다. 인기 메뉴인 딤섬은 NT$ 85부터 가격대가 형성대 있으며 홍콩식 메인 요리들은 저렴한 것은 NT$ 200부터 NT$ 1,600까지 가격대가 조금 있는 편이다. 테이블에 앉으면 기본 차를 주면서 메뉴를 건네 준다. 딤섬 중에서는 쫀득한 피와 탱글한 새우가 통으로 들어간 하가우, 속이 꽉 찬 샤오마이, 부드러운 커스터드 딤섬이 인기 메뉴다. 그 밖에도 오리 튀김과 야채 요리를 함께 추천한다. 호텔 투숙객이면 10% 할인을 받을 수 있다.

골라 먹는 즐거움이 있는 로컬 식당

등사부공부채 鄧師傅功夫菜 [덩스푸궁푸차이]

주소 高雄市800新興區中正三路82號 **위치** MRT R10, O5 메이리다오(美麗島)역 8번 출구에서 직진(도보 6분) **시간** 11:00~21:00 **홈페이지** chefteng.stormed.com **전화** 07-236-1822

가오슝 10대 레스토랑이자 아시아에서 특색 있는 66곳 레스토랑 중 한 곳에 뽑힌 식당으로 일반 가정식을 판매한다. 1984년에 개업해 현재까지 대만 전역에 8개의 분점을 두고 있는데 대만 현지인들이 즐겨 찾는다. 주로 중국과 홍콩식 요리를 선보이는데, 한곳에서 골라 먹는 재미가 있으며 가격도 저렴해 저녁 시간이면 퇴근하는 직장인들로 붐빈다. 주문 방식은 판다 익스프레스처럼 진열된 음식들 중 원하는 음식을 고른 후 빈 자리에 가서 앉으면 각각 그릇에 담아 테이블에 갖다 주며 결제는 식사 후 카운터에서 하면 된다.

담백하면서 시원한 국물이 일품

노리배골소탕 老李排骨酥湯 [라오리파이구쑤탕]

주소 高雄市新興區大同一路149號 **위치** MRT R10, O5 메이리다오(美麗島)역 3번 출구에서 오른쪽 길로 직진하다 다퉁이루(大同一路)에서 왼쪽으로 직진(도보 5분) **시간** 10:00~20:30 **휴무** 목요일 **가격** NT$ 50(파이구탕[排骨湯]) **홈페이지** www.facebook.com/oldlee1971 **전화** 932-742-401

1971년 오픈 이후 오직 갈비와 관련된 음식만을 판매해 온 식당이다. 식당의 외관과 크기를 보면 평범한 식당 같아 보이지만 대만 언론 매체는 물론 심지어 정부에서도 추천했으며 가오슝 시민들에게 갈비탕 맛집을 물어보면 대부분 이곳을 추천해 줄 정도로 유명한 로컬 맛집이다. 대표 메뉴는 갈비탕으로 뚝배기 그릇 같은 곳에 매일 직접 손질한 갈비가 담겨져 나오는데 부드러운 갈비와 담백하면서 시원한 국물이 끝내준다. 바로 나온 탕은 뜨겁기 때문에 살짝 식은 후 먹는 것이 좋다. 테이블에 있는 후추를 뿌려 먹으면 살짝 매콤한 맛을 느낄 수 있다.

쫄깃한 흑돼지 소시지

흑교패 黑橋牌 [헤이챠오파이]

주소 高雄市新興區中山一路40號 **위치** MRT R10, O5 메이리다오(美麗島)역 3번 출구에서 오른쪽 길로 직진(도보 3분) **시간** 8:30~22:00 **홈페이지** www.blackbridge.com.tw **전화** 07-261-6278

1957년에 창립한 대만 특산품 매장인 흑교패는 명절 때 줄을 서서 선물을 구입할 정도로 대만 현지인들에게 매우 친숙한 브랜드다. 대표 메뉴인 흑돼지 소시지 헤이쥬러우샹창黑豬肉香腸은, 인공 색소와 전분을 첨가하지 않고 비계를 30% 정도 비율로 사용해 싱싱하고 쫄깃하며 프라이팬에 구워 먹으면 달콤한 맛이 올라오는 것이 특징이다. 소시지 이외에도 육포 헤이쥬러우간黑豬肉乾도 선물용과 기념품으로 인기가 많다.

현지인들에게 인기 만점 로컬 식당

흥륭거 興隆居 [싱룽쥐]

주소 高雄市新興區六合二路186號 **위치** MRT O4 스이후이(市議會)역 1번 출구에서 직진 후 첫 번째 사거리에서 대각선 건너 바로(도보 5분) **시간** 3:00~11:00 **가격** NT$ 20(탕바오[湯包]), NT$ 18~(샤오빙[燒餅]) **홈페이지** www.xinglongju.com **전화** 07-261-6787

1954년 오픈한 식당으로, 중국식 전통 아침 식사 메뉴를 판매한다. 모든 메뉴를 직접 그 자리에서 수제로 만들어 판매하고 있는데 탕바오湯包, 샤오빙燒餅이 가장 인기가 많다. 탕바오는 피가 말랑말랑하고 안에 다진 고기와 10여 가지의 야채와 과일, 사골을 넣어 끓인 육즙으로 속을 채웠는데, 오랜 시간 정성 들여 만든 탕바오는 가격 또한 저렴해서 현지인들은 물론 관광객들에게도 로컬 맛집으로 사랑받고 있다. 탕바오는 안에 육즙이 풍부하고 담백해서 포장해 먹는 것보다는 그 자리에서 바로 먹는 것이 더욱 좋다. 샤오빙은 바삭바삭하고 안에는 복숭아油條[여우타오], 햄, 계란 등의 원하는 스타일대로 토핑을 선택할 수 있다.

눈과 입이 즐거운 디저트 카페

츄 밋 chu meet 佐米特手作點心 [좌미특수작점심]

주소 高雄市前金區自強一路94號2樓 **위치** MRT O4 스이후이(市議會)역 1번 출구에서 직진하다 즈창이루 96 샹(自強一路 96巷)으로 우회전(도보 7분) **시간** 13:30~20:00 **휴무** 화,수요일 **가격** NT$ 80~(커피), NT$ 100(1인 최소 주문 금액) **홈페이지** www.facebook.com/chumeet1215 **전화** 966-507-264

처음에는 공원에서 판매하다 점점 인기가 많아져 지금의 위치에 매장을 오픈한 카페다. 가게 이름은 함께 생활하고 있는 유기묘들의 이름을 따 지었는데 가게 입구에서 유기묘들의 사진을 볼 수 있다. 가게 안으로 들어가면 카운터 옆의 디저트가 눈에 들어오는데, 바로 매일 한정 수량으로 판매하는 러시아 디저트다. 처음에는 카페가 오후에 문을 여는 것을 보고 이상하게 생각했는데 바로 이 디저트 때문이라고 한다. 모두 수제로 직접 만드는 러시아 디저트는 작업 시간이 오래 소요돼 오전에는 디저트를 만들기 때문이다. 오랜 시간 만든 디저트는 비주얼뿐만 아니라 맛도 훌륭해 최근 가오숑에서 핫한 카페로 떠오르고 있다. 디저트는 매일 한정 수량만 판매하기 때문에 되도록이면 일찍 방문하는 것이 좋다.

소박하게 즐기는 대만식 아침 식사

전김육조반 前金肉燥飯 [치엔진러우차오판]

주소 高雄市前金區大同二路26號 **위치** MRT O4 스이후이(市議會)역 3번 출구에서 나와 첫 번째 사거리에서 우회전 후 직진하다 다퉁얼루(大同二路)에서 오른쪽으로 직진 후 바로(도보 7분) **시간** 7:00~18:00(월~금), 7:00~14:00(토) **휴무** 일요일 **가격** NT$ 30(러우자오판[肉燥飯]) **전화** 07-272-7263

가오슝에는 오래된 러우자오판肉燥飯 식당 중 한 곳으로 지금까지 50년 넘게 영업을 해 오고 있으며 식사 시간이면 항상 줄을 서야 할 정도로 인기가 많다. 이곳의 특별한 점은 바로 전통 방식만을 고집하는 것이 아니라 웰빙식을 추구하는 사람들의 입맛에 맞춰 러우자오판의 기름기를 낮추는 등 항상 새로운 방법을 찾아 요리를 선보이는 데 있다. 간판 메뉴인 러우자오판은 돼지 등심을 사용하는데, 10시간 넘게 끓이고 비계 부분을 잘게 썰어 느끼함이 덜하다. 식당 한쪽에 매콤한 간장 소스가 준비돼 있는데 함께 비벼 먹으면 더욱 맛있다.

알록달록 솜사탕이 유혹하는 곳

면과자공방 綿菓子工坊 [미엔즈궁팡]

주소 高雄市三民區嫩江街2巷8號 **위치** 가오슝 기차역 북쪽 출구에서 나와 왼쪽으로 직진 후 넌장제(嫩江街)에서 좌회전 후 첫 번째 사거리에서 우회전 후 바로(도보 7분) **시간** 12:30~19:30 **가격** NT$ 60~ **홈페이지** www.mianguozi.com.tw **전화** 07-322-3827

달콤한 솜사탕을 다양하게 맛볼 수 있는 디저트 매장이다. 가오슝 기차역 주변의 도매시장 골목을 따라 걷다 보면 뭉게구름의 솜사탕이 멀리서도 눈에 띈다. 달콤한 향기가 흘러나오는 매장 안으로 들어서면 솜사탕으로 만든 부케와 함께 알록달록한 솜사탕들이 반겨 주는데 말랑말랑한 마시멜로와 과일을 품은 솜사탕, 시원하면서 새콤한 아이스크림을 감싼 솜사탕까지 색다른 디저트들을 만나 볼 수 있다.

로맨틱한 하트 모양의 다리

애하지심 愛河之心 [아이허즈신]

주소 高雄市三民區博愛一路和同盟一路' 二路口 **위치** MRT R12 허우이(後驛)역 4번 출구에서 직진(도보 5분)

하트 모양으로 연결된 다리위로 빨간 조명을 비춰주는 애하愛河[아이허]는 연인들의 로맨틱한 데이트 장소로 사랑 받는 곳이다. 가오슝 애하의 심장이란 뜻의 이름은 하트 모양의 다리에서 따온 것. 다리위 조명들도 자세히 보면 하트 무늬인 것을 발견 할 수 있다. 낮에는 강변을 따라 조용히 산책하기 좋으며 밤에 가면 더욱 멋진 풍경을 감상할 수 있다.

객가 문화가 잘 보존되어 있는 곳

가오슝 시립 객가 문물관 高雄市立客家文物館 [가오슝스리커지아원우관]

주소 高雄市三民區同盟二路215號 **위치** MRT R12 허우이(後驛)역 2번 출구에서 紅28번 버스 타고 커지아원우관(客家文物館) 정류장에서 하차 **시간** 9:00~12:00, 13:30~17:00(화~금), 9:00~17:00(토, 일) **휴관** 월요일 **홈페이지** kc.kshs.kh.edu.tw **전화** 07-315-2136

입구를 통해 들어가면 작은 정원과 함께 붉은 벽돌과 유리를 사용해 건축한 삼합원식 건물이 들어온다. 왼쪽에 관광 안내 센터가 있는데 이곳에 먼저 들러 객가 관련 자료를 받아 둘러보는 것이 좋다. 1층 정면에 있는 상설 전시관에 들어서면 전통 객가 생활 문물과 관련해서 자료들과 모형들이 구역별로 잘 전시돼 있으며 한쪽에서는 다큐멘터리 영상을 방영해서 관람객들의 이해를 더욱 돕고 있다. 지하에는 DIY 체험관과 문화 예술 교실에서 시민들이 참여할 수 있는 각종 문화활동이 개최하기도 하고 대만 최초의 객가 도서관이 설립돼 있어 객가 문화를 사람들에게 널리 알리려는 노력을 엿볼 수 있다.

다양한 토산품을 구입할 수 있는 기념품 가게

유격병가 維格餅家 [웨이거빙지아]

주소 高雄市三民區同協路199號 **위치** MRT R12 호우이(後驛)역 2번에서 紅28번 버스 타고 커지아원우관(客家文物館) 정류장에서 하차 후 도보 3분 **시간** 9:00~20:00 **가격** NT$ 200(1인당 펑리수 DIY교실) **홈페이지** www.vigorkobo.com **전화** 07-321-6666

펑리수, 태양병, 망고 젤리, 누가 크래커, 3시 15분 밀크티, 밤 빵, 카스테라와 같은 대만 특산품과 다양한 기념품이 한곳에 모여 있어 그야말로 귀국 전 기념품 선물을 구입하기에 최고의 장소다. 총 7층 규모의 건물은 1, 2층에서는 식품을 판매하고 있으며 시식 후 구입을 원하는 제품을 주문서에 체크한 후 카운터에서 결제하면 된다. 3층은 아이들을 위한 체험관, 4층은 직접 펑리수를 만들 수 있는 DIY 교실이 있는데 가격은 1인당 NT$ 200로 6개의 펑리수를 만들 수 있는 재료와 기념 포장 상자를 제공하니 직접 만든 펑리수를 맛볼 수 있는 색다른 경험을 할 수 있다. 다만 시간과 인원이 제한되기 때문에 1층에서 미리 시간을 확인하고 예약해 놓는 것이 좋다.

가오슝 8대 비경을 품고 있는

시즈완

西子灣

시즈완의 실제 지명은 '하마싱哈瑪星'으로, 이는 1900년대 일본 사람들이 시즈완 지역에 항구 철도 노선과 도심으로 이어지는 수변 철도 노선인 빈시엔濱線을 건설했는데 빈시엔을 일본식 발음인 '하마싱'으로 부르기 시작하면서 이후 하마싱哈瑪星으로 변경됐다. 북쪽으로는 소우산이 위치하고 남쪽으로는 치진반도의 해안가를 마주하고 있는 천혜의 자연 경관으로 시민들과 관광객들에게 사랑받고 있다. 특히 시즈완의 노을은 가오슝 8대 비경 중 하나로 바다가 붉게 물드는 노을은 그야말로 장관을 이룬다.

대중적인 추천 COURSE

타구 철도 이야기관 → 도보 3분 → 서점흘차일이삼정 → 버스 7분 + 도보 2분 → 서자만 → 도보 2분 → 타구 영국 영사관 → 도보 12분 → 해지빙 → 택시 10분 → 소우산 커플 관경대

TIP

MRT 시즈완역을 주변으로 자전거와 전동 스쿠터를 대여할 수 있다. 시즈완 풍경구와 타구 영국 영사관까지 버스가 있으나 배차 간격이 짧지 않고 더운 날씨에 걸어가면 금방 지칠 수 있어 자전거를 대여하는 것도 좋은 방법이다. 비용은 C-BIKE보다는 비싸지만 대여와 반납이 훨씬 편리하고 치진까지 다녀올 수 있으니 일정을 고려해서 대여하는 것이 좋다.

종류	최초 1시간	1시간 추가 요금
1인용 자전거	NT$100	추가 요금 없음
2인용 자전거	NT$200	추가 요금 없음
전동 자전거	NT$200	NT$100
전동 스쿠터	NT$200~300	NT$100

※업체마다 약간의 차이가 있을 수 있으니 비교해 보고 대여

소우산 동물원
壽山動物園
시즈완
국립 중산 대학교
國立中山大學
서자만
西子灣
소우산 커플 관경대
壽山情人觀景台
하마싱흑기어환대왕
哈瑪星黑旗魚丸大王
타구 철도 이야기관
打狗鐵道故事
하마싱완과지
哈瑪星碗粿枝
어전다
御典茶
시즈완역
西子灣站
하마싱역
哈瑪星站
소아마계단소
蘇阿嬤雞蛋酥
서점흘차일이삼정
書店喫茶一二三亭
오 카페
Oh Cafe
해지빙
海之冰
만전육원미고
萬全肉圓米糕
구산 페리 선착장
鼓山輪渡站
타구 영국 영사관
打狗英國領事館
스타벅스
Starbucks
가오슝 신빈 선착장
高雄新濱碼頭
치진 페리 선착장
旗津輪渡站

붉은 노을이 아름다운 바다

서자만 西子灣 [시즈완]

주소 高雄市鼓山區蓮海 **위치** ❶ MRT O1 시즈완(西子灣)역 1번 출구에서 린하이얼루(臨海二路) 따라 왼쪽으로 꺾은 후 직진(도보 약 15분) ❷ MRT O1 시즈완(西子灣)역 1번 출구에서 건넌 후 99번 버스 탑승 후 하이수이위창(海水浴場)에서 하차

해안을 따라 탁 트인 푸른 바다를 감상할 수 있는 시즈완은 가오슝에서 가장 낭만적인 바다로 손꼽힌다. 천연 암초석과 해 질 녘 붉은 노을로 유명한 시즈완은 도심 속에서 벗어나 한적하고 조용한 분위기를 느낄 수 있다. 주변에 국립 중산 대학교, 타구 영국 영사관, 시즈완 해수욕장과 함께 둘러보기 좋다. 석양에 물드는 아름다운 시즈완의 풍경을 감상하고 싶다면 바다로 길게 뻗은 제방과 타구 영국 영사관에 자리를 잡는 것이 좋다.

시즈완을 바라보며 에프터눈 티를 즐길 수 있는 곳

타구 영국 영사관 打狗英國領事館 [다거우잉궈링스관]

주소 高雄市鼓山區蓮海路20號 **위치** ❶ MRT O1 시즈완(西子灣)역 1번 출구에서 린하이얼루(臨海二路)를 따라 왼쪽으로 꺾어서 직진(도보 약 13분) ❷ MRT O1 시즈완(西子灣) 1번 출구에서 건넌 후 99번 버스 타고 하이수이위창(海水浴場) 정류장에서 하차 후 도보 이동 **시간** 9:00~19:00(월~금), 9:00~21:00(토, 일 및 공휴일) **휴관** 매달 세 번째 월요일 **요금** NT$ 99 **홈페이지** britishconsulate.khcc.gov.tw **전화** 07-222-5136

타구 영국 영사관은 대만 최초의 서양식 건물로, 1865년에 지어져 줄곧 영국 정부가 사용해 오다 지금은 관저와 영사관의 모습을 그대로 간직한 채 역사 문물을 전시하는 문화 원구로 시민들에게 개방됐다. 단수이의 훙마오청紅毛城을 연상시키는 붉은 벽돌의 아치형 회랑을 지나 실내로 들어서면 전시관과 기념품 매장 그리고 영국 전통 에프터눈 티 세트를 만나 볼 수 있는 카페테리아가 자리 잡고 있다. 입구에서는 서자만의 풍경이 눈앞에 펼쳐지는데 해 질 녘이면 푸른 바다 위로 서서히 붉게 물드는 석양이 낭만적인 분위기를 연출한다.

연인들의 떠오르는 데이트 스폿

소우산 커플 관경대 壽山情人觀景台

주소 高雄市鼓山區忠義路30號 **위치** MRT O2 옌청푸(鹽埕埔)역에서 택시로 10분 **전화** 07-799-5678

소우산 충렬사 내에 위치한 전망대는 사랑을 주제로 만들어진 곳이다. 유리 울타리 위로는 전 세계 언어로 '사랑해'라는 글자들이 적혀 있다. 저녁이면 전망대 앞의 'LOVE' 조형물에 조명이 들어오면서 그 뒤로 가오슝의 멋진 야경을 함께 감상할 수 있어 연인들의 데이트 장소로 떠오르고 있다. 낮에는 가오슝 항구의 아름다운 경치를 한눈에 내려다볼 수 있어 낮에도 멋진 풍경을 감상할 수 있다.

귀여운 동물들을 만나 보자

소우산 동물원 壽山動物園 [셔우산둥우위안]

주소 高雄市鼓山區萬壽路350號 **위치** MRT O2 옌청푸(鹽埕埔)역 4번 출구에서 56번 버스 나고 셔우산둥우위안(壽山動物園) 정류장에서 하차 **시간** 9:00~17:00 **휴원** 월요일 **요금** NT$ 40 **홈페이지** zoo.kcg.gov.tw **전화** 07-521-5187

대만에서 두 번째로 큰 동물원이자 남부에서 가장 큰 규모의 동물원이다. 3면이 산에 둘러싸여 있는 동물원은 지형, 도랑, 나무 기둥, 바위를 이용해 구역을 구분해 놨으며 전 세계 각지에서 온 총 80여 종, 1,200마리의 동물들이 생활하고 있다. 그중에서 대만 본토 야생 동물인 대만 흑곰, 석호石虎는 이곳에서만 볼 수 있어 동물원 인기 스타다. 각 구역은 반 개방형으로 되어 있어 다른 곳에 비해 조금 더 가까이서 동물들을 볼 수 있으며 어린이 목장, 먹이 체험 같은 프로그램도 준비돼 있다.

가오슝 기차 역사를 간직한 곳

타구 철도 이야기관 打狗鐵道故事館 [다거우테다오구스관]

주소 高雄市鼓山區鼓山一路32號 **위치** MRT O1 시즈완(西子灣)역 2번 출구에서 도보 1분 **시간** 10:00~18:00 **휴관** 월요일 **홈페이지** trm.tw **전화** 07-531-6209

타구 철도 이야기관은 과거 일제 시대에 대만 기차역으로 사용됐던 가오슝 최초의 기차역이다. 일찍이 가오슝 여객 수송과 화물 수송의 허브 역할을 하며 가오슝 항구의 흥망성쇠를 겪었다. 철도 운행이 중단되고 일제 시대 사용했던 열차의 플랫폼, 철로 및 사무실 등의 유적을 잘 보존해 옛 기차역이 운영되던 당시의 모습을 감상할 수 있다. 현재 야외 플랫폼은 경전철로 이용되고 있으며 그 옆으로 넓게 펼쳐진 잔디밭 위로는 다양한 설치 예술 작품들이 곳곳에서 시민들을 반기고 있다.

학생들에게 인기 만점인 밀크티 매장

어전다 御典茶 [위디엔차]

주소 高雄市鼓山區延平里鼓元街40號 **위치** MRT O1 시즈완(西子灣)역 1번 출구에서 도보 2분 **시간** 11:00~22:00 **가격** NT$ 35~ **홈페이지** zh-tw.facebook.com/RoyalTEATEA/ **전화** 07-531-4757

중산대 학생들에게 유명한 밀크티 전문점이다. 등교 시간이나 종강 시간이면 중산대 학생들로 항상 붐빈다. 가게 매장이 아닌 입구 밖에서 밀크티를 판매하고 있는데 모든 메뉴에 들어가는 차는 안에서 직접 판매하는 차를 함께 넣어 판매하기 때문에 조금 더 퀄리티 좋은 밀크티를 맛볼 수 있다. 그리고 이곳 전주나이차(버블 밀크티)에는 일반 검은색 타피오카가 아닌 투명한 타피오카와 알로에 젤리 같은 모양의 쫀득한 펀자오粉角를 넣어 식감과 맛이 더욱 뛰어나다. 타피오카는 무료로 추가가 가능하지만 매일 수량이 한정돼 있다. 나무 목각에 각 메뉴와 가격이 적혀 있는데 무엇을 주문할지 고민된다면 인기 메뉴에서 고르면 된다. 가격은 보통 NT$ 35~50대로 저렴한 가격에 맛있고 색다른 전주나이차를 맛 보는호사를 누려 보자.

클래식한 분위기가 매력적인 카페

서점흘차일이삼정 書店喫茶一二三亭 [슈디엔츠차 이얼산팅]

주소 高雄市鼓山區鼓元街4號2樓 **위치** MRT O1 시즈완(西子灣)역 1번 출구에서 도보 4분 **시간** 10:00~18:00 **가격** NT$ 90~(커피) **홈페이지** zh-tw.facebook.com/cafehifumi **전화** 07-531-0330

1920년에 지어져 벌써 100년의 역사를 지닌 일본식 옛 가옥의 모습을 간직한 찻집. 지어질 당시 요리와 술을 팔던 요정料亭이었다. 시간의 흐름이 멈춘 듯한 입구를 지나 2층으로 올라가면 생각보다 넓은 실내가 나오는데, 인테리어부터 가구들까지 외관만큼 빈티지스러운 분위기가 상당히 매력적이다. 중앙에서는 문화 예술과 관련된 서적을 판매하고 있으며 테이블에서는 간단한 식사 및 디저트를 대만 전통차와 함께 여유롭게 즐길 수 있다.

담백하면서 고소한 미가오가 일품

만전육원미고 萬全肉圓米糕 [완취안러우위안미가오]

주소 高雄市鼓山區臨海一路1號 **위치** MRT O1 시즈완(西子灣)역 1번 출구에서 구산 페리 선착장(鼓山輪渡站) 쪽으로 직진(도보 4분) **시간** 6:00~17:30 **가격** NT$ 25~(미가오[米糕]), NT$ 35(러우위안[肉圓]), NT$ 30(완자탕[魚丸湯]) **홈페이지** www.facebook.com/wanchuandalicacy **전화** 07-533-0498

미가오米糕는 대만 사람들이 가볍게 아침을 해결하기 위해 즐겨 먹는 아침 식사다. 고기를 다져서 속에 넣고 밥 위로 가다랑어포와 오이를 함께 올려주는데 담백하면서 고소하다. 테이블에 놓여진 두반장 소스를 뿌려 함께 비벼 먹으면 느끼한 맛을 약간 없애주면서 더욱 맛있어 진다. 미가오만 먹기에는 양이 부족하다고 느껴지면 탱글탱글한 완자가 들어 있는 탕과 쌀로 반죽해 떡 같은 식감에 고기로 속을 채운 러우위안肉圓을 함께 주문해서 먹어 보자.

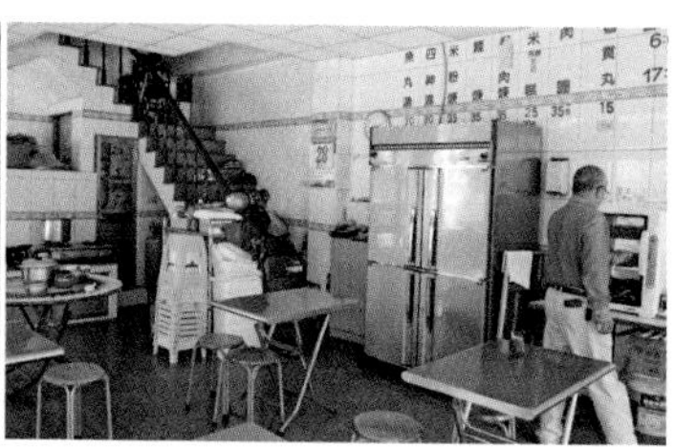

대만 전통 샤오츠를 판매하는 로컬 식당

하마싱완과지 哈瑪星碗粿枝 [하마싱완궈즈]

주소 高雄市鼓山區鼓元街59號 **위치** MRT O1 시즈완(西子灣)역 1번 출구에서 도보 3분 **시간** 7:00~14:00(판매 완료 시 영업 종료) **휴무** 월요일 **가격** NT$ 25

한곳에서 50년이 넘게 장사하고 있는 로컬 식당이다. 이곳에서는 쌀가루로 만든 대만 전통 음식 완궈碗粿만 판매하는데 쌀을 갈아서 그릇에 찐 모양이 마치 푸딩 같고, 식감도 부드러워 현지 사람들은 간단한 아침 식사로 많이 찾는다. 소스가 올라간 완궈 속에는 계란 노른자와 고기도 들어가 있으며 테이블에 놓여진 마늘 소스와 대만식 고추장 소스를 곁들이면 독특한 풍미를 느낄 수 있다.

시즈완의 대표 빙수집

해지빙 海之冰 [하이즈빙]

주소 高雄市鼓山區濱海一路76號 **위치** MRT O1 시즈완(西子灣)역 1번 출구에서 구산 페리 선착장(鼓山輪渡站) 쪽으로 직진(도보 7분) **시간** 11:00~23:30 **휴무** 월요일 **가격** NT$ 45~ **홈페이지** www.ice-bowl.com.tw **전화** 07-551-3773

시즈완역에서 나와 구산 페리 선착장으로 가다 보면 나오는 빙수 거리에서 가장 유명한 빙수 집이다. 1995년 처음 개업했을 당시에는 작은 그릇에 빙수를 팔다가 주변 중산대학 해양자원과 학생들이 그릇이 작다는 건의를 한 후 지금처럼 저렴하면서도 엄청난 양으로 판매하기 시작했다. 그때 가게 이름도 지금의 해지빙海之冰으로 바꾸면서 학생들은 물론 시민들에게도 사랑받게 됐다. 주말이면 현지인들과 관광객들로 인산인해를 이뤄 자리 잡기가 쉽지 않다.

고소한 황금색 튀김

소아마계단소 蘇阿嬤雞蛋酥 [쑤아마지단쑤]

주소 高雄市鼓山區濱海一路96號 **위치** MRT O1 시즈완(西子灣)역 1번 출구에서 구산 페리 선착장(鼓山輪渡站) 쪽으로 직진(도보 9분) **시간** 14:00~21:00(월~수, 금) , 13:00~21:00(토, 일) **휴무** 목요일 **가격** NT$ 15 **홈페이지** www.facebook.com/eggsu1963 **전화** 955-972-771

구산 페리 선착장 앞을 지나다 보면 고소한 냄새가 발길을 유혹하는데 바로 1963년 문을 열어 지금까지 한곳에서 대만 전통 샤오츠 중 하나인 지단수雞蛋酥를 판매하고 있는 이곳에서 흘러나오는 냄새다. 두꺼운 도넛 모양의 황금색 튀김은 한입 베어 물면 미국식 도넛과 중국식 찹쌀 도넛이 함께 느껴지는 독특한 식감과 고소한 계란 향이 입안으로 퍼진다. 저렴한 가격에 크기도 커 주머니 사정이 넉넉지 않은 대학생들에게 간식거리로 인기가 많다.

작지만 뛰어난 퀄리티의 커피를 만나 볼 수 있는 카페

오 카페 Oh Cafe

주소 高雄市鼓山區濱海二路5號 **위치** MRT O1 시즈완(西子灣)역 1번 출구에서 구산 페리 선착장(鼓山輪渡站) 쪽으로 직진(도보 10분) **시간** 12:00~20:00(월~금), 10:00~20:00(토, 일) **가격** NT$ 55~ **전화** 07-533-7377

시즈완에서 치진으로 건너가기 위해서는 페리를 타고 넘어가야 하는데 매번 페리를 타기 전에 들르는 곳이 바로 이 카페다. 가게 앞에 3개 정도의 테이블이 놓여져 있는 이곳은 원래 테이크 아웃 전문점인데 커피를 한 모금 마셔 보면 커피의 퀄리티에 놀라게 된다. 에티오피아와 과테말라산 원두로 내린 블랜드 커피는 물론 아프리카, 미주, 아시아 지역에서 직접 원두를 수입해 커피를 판매하는데 각 원두에 대한 특징과 향, 산미 등에 적혀 있어 취향에 맞게 커피를 선택할 수 있다. 무엇보다 커피 본연의 맛에 충실하기 위해 커피에 크림과 과당, 향료를 일절 넣지 않고 있으며 카운터 옆에서는 매장에서 사용하는 원두를 포장해서 따로 판매하고 있다.

흑돛새치로 만든 담백하면서 탱글탱글한 어묵

하마싱흑기어환대왕 哈瑪星黑旗魚丸大王 [하마싱헤이치위완다왕]

주소 高雄市鼓山區鼓波街27之7號 **위치** MRT O1 시즈완(西子灣)역 1번 출구에서 도보 7분 **시간** 11:00~19:30 **가격** NT$ 40~(지러우판[雞肉飯]), NT$ 50(종합 어묵탕[綜合魚丸湯]) **전화** 07-521-0948

시즈완에서 유명한 로컬 식당으로, 대표 메뉴인 흑돛새치 어묵은 벌써 50년 전에 개발해 지금까지 판매하고 있다. 재료에 대한 요구가 매우 높아 매일 새벽에 어시장에서 신선한 돛새치를 구입해 오는데, 돛새치에서도 가장 부드러운 가운데 부분을 사용해 어묵를 만든다. 가장 인기 있는 메뉴는 종합 어묵탕으로 담백하면서 시원한 국물에 부드럽고 탱글한 어묵을 한가득 내어 준다.

바다 위에 길게 뻗은 섬

치진

旗津

가오슝 서남쪽에 길게 쭉 뻗은 치진반도에 위치한 치진은 가오슝에서 유일하게 육지와 떨어져 있는 섬이다. 항구 도시인 가오슝에서 제일 먼저 개발된 지역으로, '치진'이란 이름은 1921년 이곳의 주민인 천시루陳錫如가 지은 旗鼓堂皇 維揚我武 津樑鞏固 克狀其猷라는 시에서 旗와 津글자를 따와 지었다고 한다. 지금은 검은 해수욕장과 항구가 파노라마 처럼 내려다 보이는 등대, 싱싱한 해산물이 즐비한 수산 시장과 무지개 성당 등 관광지로 큰 인기를 끌고 있다.

구산 페리 선착장에서 페리를 타고 건너오는 방법이 가장 빠르고 편리하다. 배는 약 7분 정도 소요되며 일반 요금은 NT$40, 교통카드 이용 시 NT$20로 탑승이 가능하다. 자전거 및 전동 스쿠터도 탑승이 가능하며 전용 입구를 이용해야 한다.

대중적인 추천 COURSE

치진 천후궁 → 도보 9분 → 치허우 포대 → 도보 2분 → 치허우 등대 → 자전거 20분 → 무지개 교회 → 도보 3분 → 치진 조개껍질 박물관 → 자전거 27분 → 두육빙성

TIP

치진섬 전체가 꽤 커서 도보로만 이동하기에는 무리가 있다. 치진 페리 선착장을 나오면 자전거 렌트숍들이 보이는데 가격은 서자만과 비슷하다. 일반 자전거, 전동 자전거, 전동 스쿠터 등이 준비돼 있는데 풍차 공원까지 둘러본다면 가장 빠른 전동 스쿠터를 추천한다. 서자만과 함께 둘러보는 일정이라면 MRT 시즈완역에서 대여하고 건너오는 것도 괜찮다.

종류	기본 요금(1시간)	1시간 추가 요금
2인용 자전거	NT$200	추가 요금 없음
전동 자전거	NT$200	NT$100
전동 스쿠터	NT$300	NT$100

※요금은 렌트숍 마다 약간의 차이가 있을 수 있다.

가오슝 신빈 선착장
高雄新濱碼頭

치허우 등대
旗后燈塔

치진

치진 페리 선착장
旗津輪渡站

치진 천후궁
旗津天后宮

해적 고향
海的故鄉

치허우 포대
旗后砲台

두육빙성
斗六冰城

무지개 교회
彩虹教堂

치진 조개껍질 박물관
旗津貝殼博物館

치진 풍차 공원
旗津風車公園

300년의 역사를 간직한 곳

치진 천후궁 旗津天后宮 [치진티엔허우궁]

주소 高雄市旗津區廟前路95號 **위치** 치진 페리 선착장(旗津輪渡站)을 등지고 오른쪽 먀오치엔루(廟前路) 따라 직진(도보 3분) **시간** 5:30~22:00 **홈페이지** www.chijinmazu.org.tw **전화** 07-571-2115

치진의 번화가에 위치한 치진 천후궁은 1673년에 건축돼 벌써 300년이 넘는 역사를 간직하고 있는 가오슝에서 가장 오래된 사원이다. 오랜 역사를 간직한 만큼 여러 번 보수 공사를 거쳤는데 1948년 마지막 공사를 마치고 지금의 모습을 갖추게 됐다. 1973년 국가 3급 고적으로 지정된 이 사원에는 바다의 신 '마조'를 모시고 있어 매년 음력 3월 23일이면 성대한 제사를 지낸다.

반전 매력이 있는 기념품 가게

해적 고향 海的故鄉 [하이더구샹]

주소 高雄市旗津區海岸路5號 **위치** 치진 페리 선착장앞 **시간** 9:00~21:00 **전화** 07-571-2421

치진 페리 선착장을 나오면 왼쪽에 유독 눈에 띄는 잡화점이 시선을 사로 잡는다. 밖에서 보면 별로 특별해 보이지 않은 매장이지만 안으로 들어가면 놀랍게도 1,000여 점이 넘는 해양 관련 골동품들이 전시돼 있다. 골동품들은 치진에서 자란 사장님이 소녀 시절부터 선박의 기구와 부품들을 좋아해 20년이 넘게 수집해 온 것들로 그중에는 꽤 진귀한 소장품들도 볼 수 있으며 마치 작은 해양 골동품 박물관 같은 느낌을 주니 기념품도 구입할 겸 천천히 둘러보기 좋다.

가오슝 항구와 해안가 전경이 내려다보이는 곳

치허우 등대 旗后燈塔 [치허우덩타]

주소 高雄市旗津區旗下巷34號 **위치** 치진 페리 선착장을 등지고 오른쪽 먀오치엔루(廟前路) 따라 직진하다가 퉁산루(通山路)가 나오면 우회전 후 직진하면 등대로 올라가는 길(도보 20분) **시간** 9:00~16:00 **휴무** 월요일 **전화** 07-571-5021

치진의 북쪽에 자리 잡은 치허우산旗后山 정상에 위치한 등대다. 1883년 영국인들에 의해 지어졌으며 현재 국가 3급 고적으로 지정되어 있다. 처음 지어질 당시 영국 영사관과 같이 붉은 벽돌로 지어졌으나 일제 시대 등대를 확장하면서 흰색으로 바뀌었다. 높이 15.2m로 등대 내부에는 예전에 사용했던 계측기와 주변 지형도 등 등대와 관련된 자료들을 전시하고 있으며 밖으로 나가면 서자만부터 가오슝 항구까지 해안가 전경과 가오슝 시내가 파노라마처럼 펼쳐진다.

예술적 가치를 품고 있는 오래된 요새

치허우 포대 旗后砲台 [치허우파오타이]

주소 高雄市旗津區旗港段1231地號 **위치** 치진 페리 선착장을 등지고 오른쪽 먀오치엔루(廟前路) 따라 직진하다가 퉁산루(通山路)가 나오면 우회전 후 직진하면 등대로 올라가는 길(도보 18분) **시간** 9:00~16:00

치허우 등대와 함께 가오슝 항구를 지켰던 요새로, 지금은 세월의 흔적을 고스란히 간직한 채 시민들에게 개방되었다. 붉은 벽돌로 중국식 '八'자 모양으로 만든 입구를 통해 들어가면 2개의 작은 연병장이 나온다. 요새 양쪽 기둥에는 붉은 벽돌로 "囍"자가 새겨져 있고 모서리에는 박쥐 문양의 중국 전통 건축 양식으로 지어졌는데 건축 예술로 가치를 인정받고 있다. 확 트인 넓은 공간 위로 올라가 앉으면 서자만의 바다를 감상 할 수 있다.

알록달록 7가지 빛깔

무지개 교회 彩虹教堂 [차이홍자오탕]

주소 高雄市旗津區旗津三路990號 **위치** 치진 페리 선착장에서 도보 20분

치진 조개껍질 박물관 옆에 있는 이곳은 가오슝의 한 웨딩 업체가 임차한 후 기존 웨딩 촬영 장소를 리모델링해 무지개 빛 〈레인보우 교회〉로 태어났다. 푸른 하늘과 바다를 배경으로 우뚝 서 있는 아름다운 무지개 빛깔 교회는 어떤 각도로 찍어도 인생 사진이 나올 정도로 아름다워 이제 웨딩 촬영뿐만 아니라 일반인들에게도 유명해져 출사지로 인기가 많다.

대만식 독특한 아이스크림을 만나 볼 수 있는 곳

두육빙성 斗六冰城 [더우리우빙청]

주소 高雄市旗津區中洲三路450號 **위치** 치진 페리 선착장을 등지고 왼쪽으로 직진하다 중저우싼루(中洲三路)에서 왼쪽으로 직진(도보 15분) **시간** 10:00~22:00 **가격** NT$ 40(자오파이 아이스크림[招牌冰淇淋]), NT$ 40~(홍차 아이스크림[紅茶冰淇淋]) **전화** 07-571-3850

이곳 사장님은 윈린현雲林縣 더우리우斗六 출신으로 더우리우 전통 아이스크림 제조 방법을 삼촌에게 직접 배워 만들어서 판매하고 있다. 1978년 치진에 개업 당시 가게 이름도 고향 이름에서 따와 지었다. 향료와 사카린을 첨가하지 않고 직접 만든 아이스크림은 당도가 적당하며 재료 본연의 맛을 그대로 느낄 수 있다. 6가지 맛의 아이스크림을 한번에 맛볼 수 있는 자오파이 아이스크림招牌冰淇淋, 홍차에 밀크 아이스크림을 넣은 홍차 아이스크림紅茶冰淇淋도 인기가 많다.

세계에서 두 번째로 큰 조개가 전시되어 있는 박물관

치진 조개껍질 박물관 旗津貝殼博物館 [치진베이커보우관]

주소 高雄市旗津區旗津三路990號 **위치** 치진 페리 선착장에서 도보 22분 **시간** 10:00~17:00 **휴관** 월요일
요금 NT$ 30 **전화** 07-571-8920

치진섬 중간쯤에 위치한 박물관으로, 아시아에서 손꼽히는 큰 규모를 자랑하는 기념관이다. 실내에는 약 2,600여 종의 다양한 조개가 전시돼 있는데 가오숑의 시민인 황갈량黃葛亮 선생이 기증한 것들이다. 앵무 조개, 용궁 조개와 같은 활화석과 무게가 무려 70kg에 달하는 세계에서 두 번째로 큰 조개二枚贝, 상아패와 같이 쉽게 볼 수 없는 조개들이 전시돼 있어 충분히 둘러볼 만한 가치가 있다.

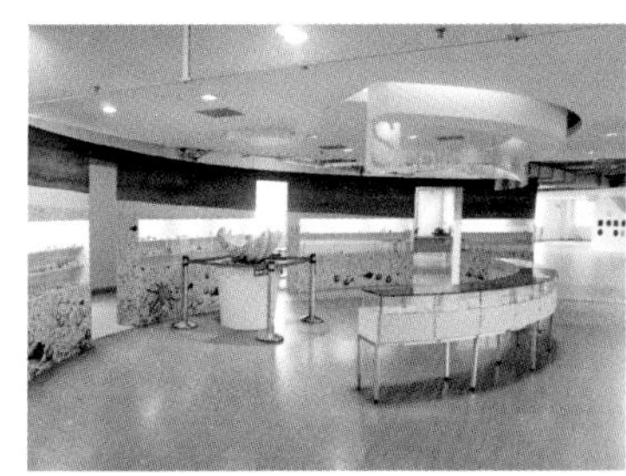

옛 지역 특색이
곳곳에 잘 남아 있는

옌청푸
鹽埕埔

옌청푸는 과거에 염전鹽田으로 이곳 주민 대부분이 천일염을 만들었다. 일제 시대에 들어서면서 공업과 상업이 크게 발달해 시청이 들어서고 가오슝 항구와 가까운 지리적 이점으로 인해 수입품을 쉽게 거래할 수 있어 상권이 발달하게 됐다. 지금은 예전만큼 번화하지 않지만 아직까지 남아 있는 오래된 거리와 상점들이 도심 속 옛 모습을 간직하고 있어 현지인들은 물론 관광객이 점차 찾기 시작해 지금은 가오슝 서부 지역의 대표 관광지로 거듭났다.

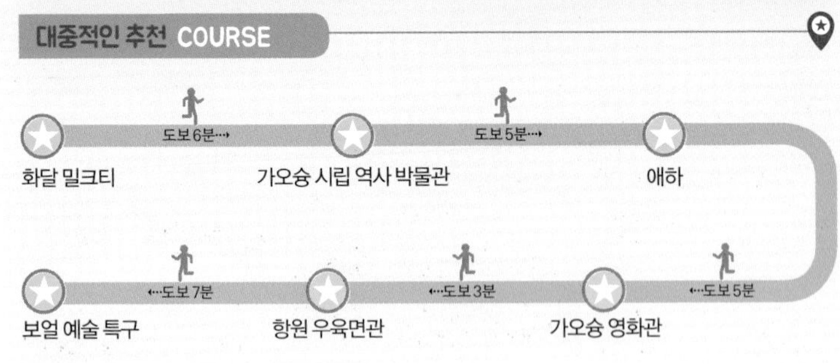

TIP

- 옌청푸에서 식사를 먼저 해결한 후 천천히 둘러보려면 맛집들이 모여 있는 MRT 옌청푸역에서 먼저 내린 후 애하에서 공공 자전거인 C-BIKE를 대여 후 강변을 따라 보얼 예술 특구 쪽으로 이동하는 것이 좋으며 서자만, 치진과 가깝기 때문에 함께 묶어서 둘러보는 것이 효율적이다.
- 보얼 예술 특구를 먼저 둘러보려면 MRT 시즈완역에서 내려 이동하는 것이 빠르다.

옌청푸

대반탄고삼명치
大胖碳烤三明治

애하 유람선 탑승장

동분왕
冬粉王

아포자빙
阿婆仔冰

가오슝 시립 역사박물관
高雄市立歷史博物館

가오슝파파빙
高雄婆婆冰

파당봉밀단고
巴堂蜂蜜蛋糕

애하
爱河

소제가배
小堤咖啡

미고성
米糕城

인애 공원
仁愛公園

애하 유람선 탑승장

입육진
鴨肉珍

세븐일레븐
7-ELEVEN

쌍비내차
雙妃奶茶

앰버서더 호텔
Ambassador Hotel

옌청푸역
鹽埕埔站

화달 밀크티
樺達奶茶

애하 유람선 탑승장

가오슝 영화관
高雄市電影館

하마싱 타이완 철도관
哈瑪星台灣鐵道館

항원 우육면관
港園牛肉麵館

장미성당
玫瑰聖母堂

보얼펑라이역
駁二蓬萊站

보얼 예술 특구
駁二藝術特區

본동 창고 상점
本東倉庫商店

전아이마터우역
真愛碼頭站

바나나부두
香蕉碼頭

보얼다이역
駁二大義站

나우 앤 댄
now and then

서니힐
sunny hills

가오슝의 대표 문화 예술 단지

보얼 예술 특구 駁二藝術特區 [보얼이슈터취]

주소 高雄市鹽埕區大勇路1號 **위치** ❶ MRT O2 옌청푸(鹽埕埔)역 1번 출구에서 우회전 후 직진(도보 약 5분) ❷ MRT O1 시즈완(西子灣)역 2번 출구에서 도보 5분 **시간** 야외: 24시간/ 실내: 10:00~18:00(월~목), 10:00~20:00(금~일) **홈페이지** pier-2.khcc.gov.tw **전화** 07-521-4869

화산1914, 송산문창원구가 타이베이를 대표하는 예술 문화 공간이라면 보얼 예술 특구는 가오슝을 대표하는 복합 문화 예술 단지다. '제2호 연결 부두'란 뜻의 보얼駁二은 부둣가의 낡은 창고를 개성 넘치고 독특한 예술 공간으로 바꿔 이제는 가오슝의 명소가 됐다. 정기적으로 다양한 예술 문화 활동을 개최하는데 대만의 젊은 예술가들의 작품은 물론 세계 유명 예술가들의 작품을 감상할 수 있다. 구역별로 갤러리를 비롯해, 카페, 서점, 편집 매장 등이 들어서 있으며 중간중간 놓여진 독특한 오브제들과 벽화, 철로를 따라 이어진 산책길들을 배경으로 기념사진 찍기 좋아 여행자들에게도 꼭 방문해야 할 여행지로 인기를 얻고 있다.

하마싱 타이완 철도관 哈瑪星台灣鐵道館 [하마싱타이완테다오관]

주소 高雄市鼓山區蓬萊路99號 **위치** 보얼 예술 특구 펑라이창쿠(蓬萊倉庫) B7, B8 **시간** 10:00~18:00(월, 수, 목), 10:00~19:00(금~일) **휴관** 화요일 **요금** NT$ 149(입장료), NT$ 149(미니 기차) **홈페이지** hamasen.khm.gov.tw **전화** 07-521-8900

'하마싱'은 일본어 '하마센はません'에서 유래한 것으로 하마싱 타이완 철도 박물관은 2년이란 준비 시간을 거쳐 2016년에 오픈한 곳이다. 철도관은 총 2개의 구역으로 나뉘는데 제1 전시 구역에서는 옛 대만 철도의 역사를 한눈에 볼 수 있는 전시관과 실제 수동으로 움직이는 미니 열차를 타 볼 수 있는 체험관이 있다. 제2 전시 구역은 철도관의 하이라이트로 100여 평 규모에 실제 31개의 대만 기차역과 기차, 철도, 지역의 랜드마크를 모형으로 꾸며 놓았는데, 철로 길이가 무려 2km가 넘는다. 철도관 옆에서는 철로를 따라 보얼 예술 특구를 둘러보는 미니 기차를 체험해 볼 수 있는데 소요 시간은 약 10분이다.

본동 창고 상점 本東倉庫商店 [번둥창쿠상디엔]

주소 高雄市鹽埕區光榮街1號 **위치** 보얼 예술 특구 안 **시간** 10:00~18:00(월~목), 10:00~19:00(금), 10:00~20:00(토, 일) **홈페이지** www.huei-huei.com **전화** 07-521-9587

보얼 예술 특구에서 가장 인기 있는 매장으로, 각종 디자인 제품과 문구, 기념품을 판매하고 있다. 좁은 문을 통해 들어가면 기다란 내부에 아기자기하면서 귀여운 제품들이 손님들을 유혹한다. 1층 안쪽은 다락방 형식으로 높은 천장이 나오고 2층으로 올라가는 계단이 나온다. 2층은 노트에 들어가는 속지가 진열돼 있는데 이곳에서 원하는 속지를 선택해 세상에 오직 하나뿐인 노트를 직접 제작할 수 있다. 대만을 테마로 한 각종 문예 창작 상품과 대만 전통차가 담겨진 엽서는 관광객들에게 기념품으로 인기가 많다.

나우 앤 댄 NOW & THEN

주소 高雄市鹽埕區大義街2號 **위치** 보얼 예술 특구 C9 **시간** 10:00~18:00(월~금), 10:00~21:00(토, 일) **가격** NT$ 170~(브런치), NT$ 90~(스페셜 블랜디 커피) **홈페이지** www.facebook.com/nowandthenbynybc **전화** 07-531-6999

보얼 예술 특구 서쪽 끝에 위치한 분위기 깡패로 소문난 브런치 카페다. 입구를 통해 들어가면 오픈 키친과 높은 천장이 시선을 사로잡으며 앤티크한 소품으로 포인트를 준 인테리어는 감각적이면서 모던한 느낌을 준다. 인기 메뉴는 샐러드와 브런치며 달콤한 과일 주스 위로 진한 에스프레소와 상큼한 과일이 올려져 나오는 스페셜 블랜디 커피, 샤케라토와 같은 커피는 물론 창의적인 음료도 함께 판매하고 있다. 1층이 한눈에 내려다보이는 2층에는 긴 테이블이 놓여 있어 일행이 많다면 2층으로 올라가는 것이 좋다.

서니힐스 Sunny Hills 微熱山丘

주소 高雄市鹽埕區大義街2-6號 **위치** 보얼 예술 특구 C11-1 **시간** 11:00~19:00 **가격** NT$ 420(10개입) **홈페이지** www.sunnyhills.com.tw **전화** 07-551-0558

대만의 대표 간식인 펑리수를 판매하는 매장이다. 유기농 파인애플로 만든 펑리수는 다른 곳에 비해 과육이 매우 풍부하다. 자리에 앉으면 시식용으로 차와 함께 펑리수 1개를 손님들에게 무료로 제공해 주는데, 이 때문에 더운 날이나 주말이면 이곳에서 쉬어 가려는 사람들로 항상 줄을 서야 할 정도다. 펑리수 구입은 시식 후 카운터에서 주문하면 된다.

바나나를 테마로 꾸민 부두

바나나 부두 香蕉碼頭 [상챠오마터우]

주소 高雄市鼓山區蓬萊路23號 **위치** MRT O1 시즈완(西子灣) 2번 출구에서 보얼 예술 특구 방향으로 직진하다 펑라이루(蓬萊路)에서 오른쪽(도보 5분) **시간** 10:00~22:00 **전화** 07-561-2295

1950년대에 치산 지역에서 재배한 대량의 바나나를 일본으로 수출하는 항구였던 곳으로 당시 일본으로 수출한 바나나 양이 엄청나 대만 각지에서 생산된 바나나들이 대부분 이곳으로 몰려들었을 정도였다. 이후 바나나 수출량이 줄며서 창고로 사용되던 곳을 바나나 컬러의 노란색으로 페인트칠하고 내부를 바나나 테마를 주제로 한 쇼핑몰과 기념관으로 새롭게 단장했다. 1층은 특산품과 바나나 빵, 바나나 모양의 액세서리 등을 판매하는 상점이 있어 가볍게 구경하기 좋다.

탱글탱글한 면과 부드러운 고기가 담긴 우육면

항원 우육면관 港園牛肉麵館 [강위안니우러우미옌관]

주소 高雄市鹽埕區大成街55號 **위치** MRT 옌청푸(鹽埕埔)역 4번 출구에서 우푸스루(五福四路) 따라 좌회전 후 직진하다 다청제(大成街)에서 오른쪽으로 꺾어서 직진(도보 10분) **시간** 10:30~20:00 **가격** NT $110(우육면[牛肉麵]) **전화** 07-561-3842

60년의 역사를 지닌 식당으로, 한국 여행 프로그램에서 가오슝을 소개할 때면 항상 나올 정도로 유명한 우육면 맛집이다. 칼국수 같은 탱글탱글한 면에 담백한 육수, 부드러운 고기가 올라간 탕미엔湯麵과 육수 없이 비벼 먹는 반미엔拌麵이 인기 메뉴다. 특히 고기는 힘줄과 살코기가 함께 익혀 나와 매우 부드럽다. 반미엔은 테이블에 놓여진 마늘 소스와 매운 고추 소스를 함께 비벼 먹으면 색다른 맛을 느낄 수 있다. 고추 소스는 한국인 입맛에도 맵기 때문에 조금만 넣어서 비벼 먹는 것이 좋다.

사랑이란 이름의 낭만적인 강

애하 爱河 [아이허] Love River

주소 高雄市中正四路底中正大橋兩側 **위치** MRT O2 옌청푸(鹽埕埔)역 2번 출구에서 도보로 5분

애하는 '사랑의 강'이란 뜻으로, 가오슝 8경에 속하는 대표 관광 명소다. 총 12km에 달하는 강변을 따라 이어진 산책로와 공원은 가오슝 시민들이 즐겨 찾는 휴식 공간으로 사랑받고 있다. 주말이면 곳곳에서 흥겨운 거리 공연을 하는 젊은 예술가들, 카페에서 차 한잔의 여유를 즐기는 시민들과 로맨틱한 데이트를 즐기는 연인들로 가득하다. 매년 정월 대보름이면 애하에서 등불 축제가 펼쳐지는데 학생들의 기발하고 화려한 작품들을 만나 볼 수 있다.

가오슝의 역사를 만나 볼 수 있는 곳

가오슝 시립 역사박물관 高雄市立歷史博物館 [가오슝 스리 리스보우관]

주소 高雄市鹽埕區中正四路272號 **위치** MRT O2 옌청푸(鹽埕埔)역 2번 출구에서 다융루(大勇路) 따라 오른쪽으로 꺾어서 직진 후 두 번째 사거리에서 중정시루(中正西路) 따라 오른쪽으로 꺾어서 직진하면 왼쪽(도보 약 15분) **시간** 9:00~17:00(화~금), 9:00~21:00(주말) **휴관** 월요일 **요금** 전시마다 다름 **홈페이지** khm.gov.tw **전화** 07-531-2560

1983년에 건축된 역사박물관은 일본 건설회사에 의해 지어져 일본식 건축 양식을 띄고 있다. 정부에서 직접 운영하고 있는 역사박물관에는 가오슝과 관련된 자료들을 전시하고 있는데 역사와 예술적 가치가 있는 유물들로 시민들에게 가오슝의 역사를 쉽게 이해할 수 있도록 도움을 주고 있다. 일반 전시 이외에도 꾸준히 가오슝 문화를 주제로 한 특별 전시도 꾸준히 진행하고 있다.

좋은 차와 신선한 우유로 만나는 밀크티

화달 밀크티 樺達奶茶 [화다나이차]

주소 高雄市鹽埕區新樂街99號 **위치** MRT O2 옌청푸(鹽埕埔)역 2번 출구에서 애하 방향으로 직진(도보 2분) **시간** 9:00~20:00 **가격** NT$ 55(전주나이차[珍珠奶茶]) **전화** 07-551-2151

가오슝에서 가장 유명한 버블 밀크티(전주나이차) 매장이다. 1982년 개업해 30년이 넘게 사랑받고 있다. 오랜 시간 신선한 우유와 품질 좋은 차를 사용해 오고 있는데 이는 차에 관해 해박한 지식과 열정을 갖고 있는 사장님의 영업 철학으로 손님들에게 항상 최고의 밀크티를 제공하려는 노력을 엿볼 수 있다. 다른 곳과 비교하면 한입 마시는 순간 입안으로 퍼지는 진한 차 향기가 특징이다. 가게 이름을 딴 화다 나이차樺達奶茶가 대표 메뉴며 보이차와 홍차가 들어간 메이룽 나이차美容奶茶, 보이차와 우유를 넣은 푸얼나이차普洱奶茶 등 다른 곳에서는 쉽게 볼 수 없는 차를 넣은 밀크티들도 맛볼 수 있다.

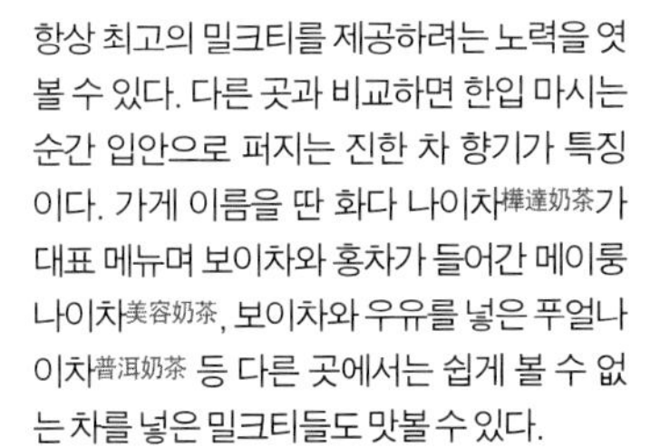

가오슝에서 가장 오래된 카페

소제가배 小堤咖啡 [샤오티카페이]

주소 高雄市鹽埕區鹽埕街40巷10號 **위치** MRT O2 옌청푸(鹽埕埔)역 2번 출구에서 도보 3분 **시간** 8:30~해질 때까지 **휴무** 매달 둘째, 셋째 주 일요일 **가격** NT$ 100(커피) **전화** 07-551-4703

카페보다는 어쩌면 다방이라는 말이 더욱 어울릴 듯한 이곳은 가오슝에서 가장 오래된 카페다. 테이블부터 의자, 로스팅 기구까지 그야말로 오픈 당시 구입했던 가구들을 지금까지 사용해 오고 있는데, 이런 클래식 인테리어가 타임머신을 타고 과거로 온 듯한 분위기를 연출한다. 테이블에 앉으면 따뜻한 물수건과 함께 메뉴판을 건네주는데 메뉴는 오로지 두 가지로 커피와 밀크티만을 판매하고 있다. 커피는 블랙과 라테만 가능한데 모든 메뉴는 주문 후 직접 만들어 준다. 클래식한 분위기와 커피를 좋아한다면 꼭 방문해 보자.

다양한 대만 영화를 만나 볼 수 있는 곳

가오슝 영화관 高雄市電影館 [가오슝스디엔잉관]

주소 高雄市鹽埕區河西路10號 **위치** MRT O2 옌청푸(鹽埕埔)역 2번 출구에서 애하 방향으로 도보 5분 **시간** 13:30~21:30 **휴관** 월요일 **홈페이지** kfa.kcg.gov.tw **전화** 07-551-1211

〈말할 수 없는 비밀〉, 〈나의 소녀 시대〉, 〈그 시절 우리가 좋아했던 소녀〉와 같은 청춘 영화로 아시아에서 많은 인기를 얻고 있는 대만 영화들을 만나 볼 수 있는 영화관이다. 정기적으로 영화와 관련된 행사와 이벤트들이 열려 영화 마니아들에게 인기가 많은 곳이다. 1층에는 커피숍과 함께 대만 영화와 관련된 자료들이 전시돼 있으며 2층은 시청각실로 여권을 등록하고 회원가입을 한 후 DVD를 대여해 감상할 수 있다. 3층은 전체가 상영관으로 매일 오후 2시가 되면 전세계 영화를 무료로 상영하고 있다.

대만의 나가사키 케이크

파당봉밀단고 巴堂蜂蜜蛋糕 [바당펑미단가오]

주소 高雄市鹽埕區大勇路127號 **위치** MRT O2 옌청푸(鹽埕埔)역 2번 출구에서 오른쪽으로 직진하면 왼쪽(도보 5분) **시간** 9:00~21:30 **가격** NT$ 240~(카스텔라[蜂蜜蛋糕]), NT$ 30~(과일 젤리) **홈페이지** www.batung.com.tw **전화** 07-561-3649

대만의 나가사키 케이크라고 불리는 곳으로, 전통 일본식 카스텔라를 판매하고 있다. 간판 메뉴인 카스텔라는 제빵 대회에서 여러 차례 수상한 경력을 자랑하는데 부드러우면서 촉촉해 계속 먹어도 질리지 않을 정도다. 총 8가지 크기의 카스텔라를 판매하고 있으니 원하는 사이즈를 구입할 수 있어 편리하다. 카스텔라 이외에도 다양한 과일 젤리, 펑리수, 태양병 등 대만 전통 간식도 함께 판매하고 있어 기념품이나 선물을 구입하기에도 좋다.

가오슝의 3대 밀크티 전문점

쌍비내차 雙妃奶茶 [솽페이나이차]

주소 高雄市鹽埕區新樂街173號 **위치** MRT O2 옌청푸(鹽埕埔)역 2번 출구에서 정면으로 보이는 골목으로 직진(도보 2분) **시간** 9:00~21:00 **가격** NT$ 35~(나이차) **전화** 07-521-8300

화달樺達, 향명香茗과 함께 가오슝에서 가장 유명한 3대 버블 밀크티(전주나이차)로 인기가 많은 음료 매장이다. 진한 홍차에 신선한 우유를 넣어주는 이곳의 밀크티는 얼음을 넣지 않아 다른 곳에 비해 밀크티 본연의 맛을 가장 잘 느낄 수 있다. 한 모금 마시는 순간 입안에 진한 차 향이 퍼지는 것이 특징이다. 홍차와 우유가 들어간 솽페이나이차雙妃奶茶가 가장 인기며 홍차와 함께 보이차를 같이 넣은 밀크티도 판매하는데 원하는 비율에 따라 알맞게 주문할 수 있다. 타피오카는 NT$ 5을 추가하면 넣어 준다.

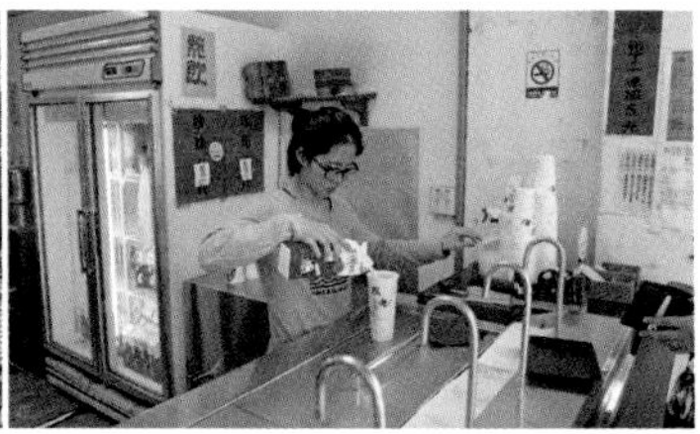

숯불에 구운 샌드위치

대반탄고삼명치 大胖碳烤三明治 [다팡탄카오싼밍즈]

주소 高雄市鹽埕區大公路78號 **위치** MRT O2 옌청푸(鹽埕埔)역 2번 출구에서 오른쪽으로 직진하다 다궁루(大公路)에서 좌회전 후 직진(도보 8분) **시간** 7:00~10:50, 18:00~22:50 **가격** NT$ 40~(샌드위치) **홈페이지** www.facebook.com/grilled.sandwiches/ **전화** 07-561-0262

벌써 50년 넘게 샌드위치만을 판매하고 있는 로컬 식당으로 샌드위치 빵을 숯불에 살짝 구워 주는 것이 이곳만의 특징이다. 야채와 햄, 계란 등 원하는 토핑이 들어간 샌드위치를 고른 후 밀크티, 더우장을 곁들여 한 끼 식사를 해결하는데 한국 돈 약 2,500원 정도로 착한 가격을 자랑한다. 토핑에 따라 원하는 샌드위치를 고르고 치즈 추가도 가능하다. 아침과 저녁에만 영업하니 시간을 잘 체크하고 찾아가자.

진한 육수의 갈비탕

동분왕 冬粉王 [둥펀왕]

주소 高雄市鹽埕區七賢三路168號 **위치** MRT O2 옌청푸(鹽埕埔)역 2번 출구에서 오른쪽으로 직진하다 다런루(大仁路)에서 좌회전 후 직진하다 치시엔싼루(七賢三路)에서 오른쪽으로 꺾어서 직진(도보 7분) **시간** 9:00~20:00 **가격** NT$ 40~(둥펀탕[冬粉湯]) **전화** 07-551-4349

당면이 들어간 우리나라 갈비탕과 비슷한 대만 전통 먹거리인 둥펀冬粉탕을 전문으로 판매하는 식당이다. 둥펀과 다양한 돼지고기 부위가 담겨진 탕은 담백하면서 진한 육수가 특징이다. 종합 탕은 두툼한 고기와 둥펀이 함께 담겨져 성인 남성이 먹기에도 양이 충분할 정도다. 식초와 두반장 소스를 넣어 먹으면 더욱 진한 풍미를 느낄 수 있다.

유기농 재료로 만든 건강한 과일 빙수

아파자빙 阿婆仔冰 [아포즈빙]

주소 高雄市鹽埕區七賢三路150號 **위치** MRT O2 옌청푸(鹽埕埔)역 2번 출구에서 오른쪽으로 직진하다 다런루(大仁路)에서 좌회전 후 직진하다 치시엔싼루(七賢三路)에서 오른쪽으로 꺾어서 직진(도보 6분) **시간** 9:30~24:00 **가격** NT$ 80(챠오지수이궈빙[超級水果冰]) **전화** 07-551-3180

항상 흰 수건을 머리에 두르고 있는 차이구 할머니가 문을 연 곳으로, 벌써 70년이 넘게 옌청푸에서 빙수집을 영업하고 있다. 지금까지 3대가 함께 매장을 이어 받아 빙수를 판매하고 있는데, 예전 처음 빙수를 만들던 방법을 고수해 오고 있으며 유기농 재료만을 고집해서 사용해 보다 건강한 빙수를 맛볼 수 있다. 시원하게 갈은 얼음 위에 신선한 용과 주스를 뿌리고 그 위로 수박, 키위, 파인애플 같은 과일을 올린 아포빙阿婆冰은 이곳의 대표 메뉴로, 새콤달콤하면서 시원한 맛이 더위를 순식간에 날려 보내기에 충분하다.

다양한 빙수를 판매하는 곳

가오슝 파파빙 高雄婆婆冰 [가오슝포포빙]

주소 高雄市鹽埕區七賢三路135號 **위치** MRT O2 옌청푸(鹽埕埔)역 2번 출구로 나와서 정면으로 보이는 골목으로 직진하다 치시엔싼루(七賢三路)에서 오른쪽으로 직진하면 건너편(도보 6분) **시간** 9:00~24:00 **가격** NT$80~ **홈페이지** www.popoice.com.tw **전화** 07-561-6567

간판에 인자한 모습을 한 할머니가 반겨 주는 옌청푸에서 오래된 빙수집이다. 옌청푸에서 모르는 사람이 없을 정도로 오래 시간 빙수만을 판매해 온 곳으로, 과일 빙수와 함께 색다른 빙수들을 맛볼 수 있다. 여름에는 달콤한 망고 빙수, 겨울에는 상큼한 딸기 빙수가 추천 메뉴다. 이 밖에도 대만 사람들이 즐겨 먹는 팥, 녹두가 들어간 곡물 빙수와 토마토를 큼지막하게 썰어 주는 판체체판은 옛 추억을 떠올려주는 이곳의 별미다. 기본 빙수에서 NT$20을 추가하면 우유 얼음으로 변경해 준다.

가볍게 즐기는 전통 샤오츠

미고성 米糕城 [미가오청]

주소 高雄市鹽埕區大仁路107號 **위치** MRT O2 옌청푸(鹽埕埔)역 2번 출구에서 오른쪽으로 직진하다 다런루(大仁路)에서 좌회전 후 직진(도보 5분) **시간** 9:30~23:00 **요금** NT$ 35(미가오[米糕]), NT$ 35(쓰션탕[四神湯]) **전화** 07-533-3168

60년이 넘는 역사를 간직하고 있는 로컬 식당으로, 이곳의 대표 메뉴인 미가오米糕는 대만 전통 샤오츠로 찹쌀에 돼지고기를 올리고 생선을 잘게 갈은 분말을 뿌린 것이다. 미가오는 양이 성인 남성이 먹기에는 많지 않아 아침에 가볍게 한 끼 식사를 해결하거나 오후에 출출할 때 먹기에 좋다. 식사 때 방문한다면 한약재가 들어간 쓰션탕四神湯과 함께 먹으면 약간 느끼한 미가오와 함께 잘 어울려 든든하게 배를 채울 수 있다.

현지인들이 즐겨 찾는 오리고기 전문점

입육진 鴨肉珍 [야러우전]

주소 高雄市鹽埕區五福四路258號 **위치** MRT O2 옌청푸(鹽埕埔)역 4번 출구에서 오른쪽으로 직진(도보 4분) **시간** 10:00~20:20 **휴무** 화요일 **가격** NT$ 55(야러우판[鴨肉飯] 소), NT$ 66(야러우판[鴨肉飯] 대) **전화** 07-531-4630

오리고기 전문점으로 현지인들이 즐겨 찾는 로컬 맛집이다. 옌청푸 지역에서 65년 넘게 오리고기만 판매하는데, 오랫동안 사랑받는 이유는 바로 부드러우면서 잡내가 전혀 나지 않는 오리고기에 있다. 오리고기와 돼지고기가 함께 올라간 야러우판鴨肉飯과 오리고기鴨肉切盤가 인기 메뉴며 주문하면 직접 오리고기를 손질하는 모습을 볼 수 있다. 오리고기에 생강을 올리고 테이블에 놓여진 달콤한 소스에 찍어 먹으면 더욱 맛있다. 다만 오리고기에 뼈가 있기 때문에 조심해서 먹는 것이 좋다. 음식 주문 후 테이블에 앉으면 음식을 가져다 주는데 이때 계산하면 된다.

가오슝 북부의
교통 허브

쭤잉
左營

가오슝 북부에 위치한 쭤잉 지역은 예전에 중요한 요충지였지만 지금은 가오슝을 대표하는 관광지로 새롭게 탄생했다. 호수 위에 연꽃 향이 퍼져 있는 연지담은 가장 유명한 관광 명소며, 그 주변으로 용호탑, 춘추각, 공자묘 등 중국 전통 양식의 사당들이 모여 있으며 옛 고성의 흔적들을 곳곳에서 만날 수 있다.

대중적인 추천 COURSE

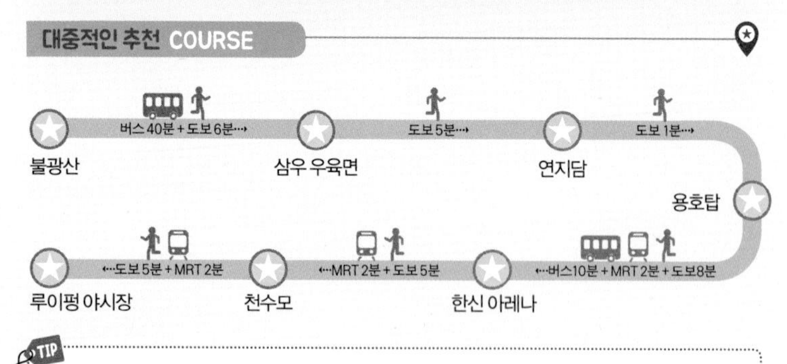

TIP

쭤잉 지역은 고속 철도와 일반 철도, MRT가 한번에 만나는 북부의 교통 허브로 컨딩, 타이난, 불광사 등 지방과 근교를 함께 여행할 때 꼭 지나쳐야 하는 관문이다. 때문에 컨딩, 타이난을 여행할 때 함께 둘러보는 것이 더욱 효과적이다. 고속 철도와 일반 철도역이 함께 연결돼 있으며 중간에 코인 로커가 있어 짐을 보관하기도 편하다.

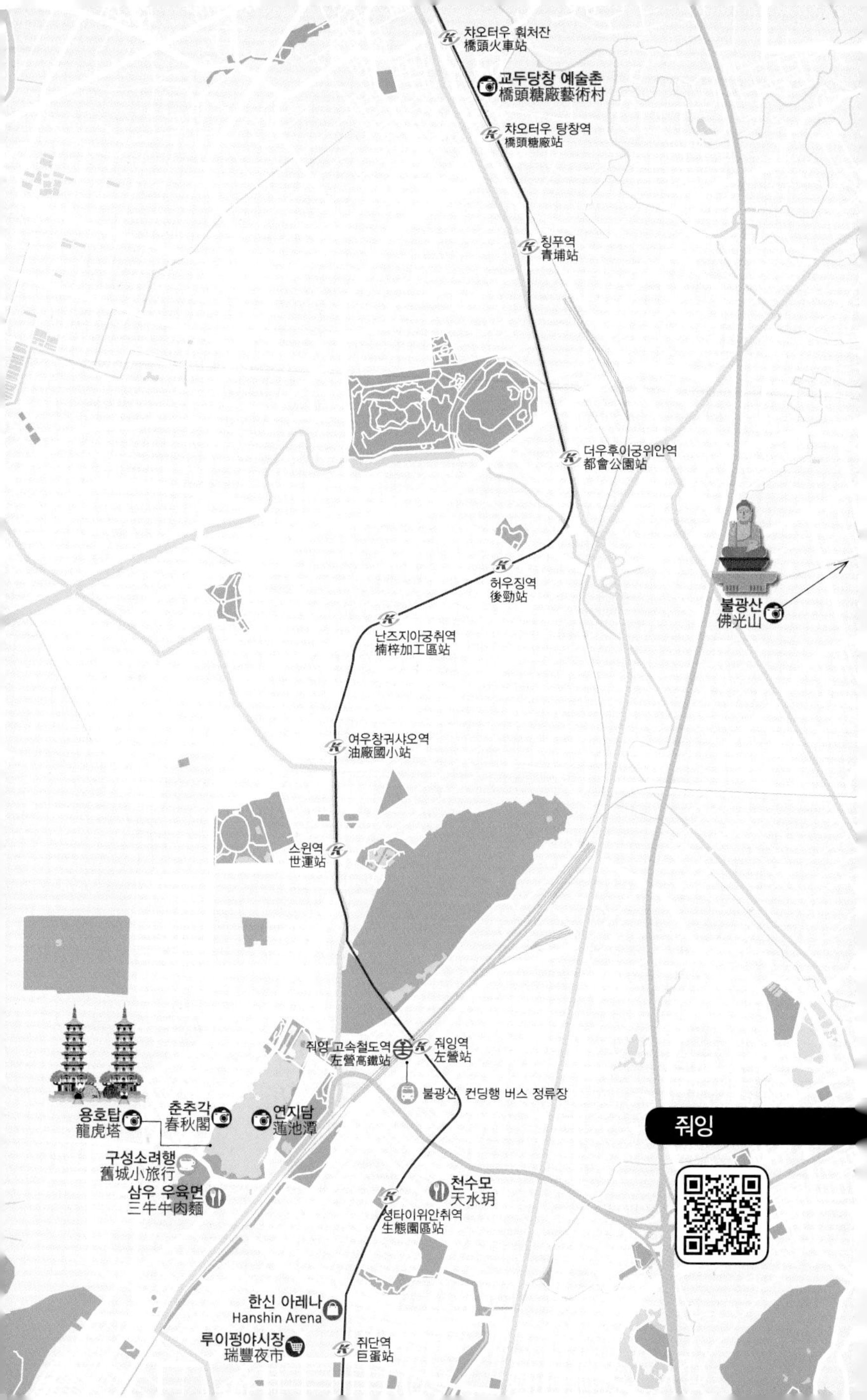
차오터우 훠처잔
橋頭火車站
교두당창 예술촌
橋頭糖廠藝術村
차오터우 탕창역
橋頭糖廠站
칭푸역
青埔站
더우후이궁위안역
都會公園站
허우징역
後勁站
불광산
佛光山
난즈지아궁취역
楠梓加工區站
여우창궈샤오역
油廠國小站
스윈역
世運站
쥐잉 고속철도역
左營高鐵站
쥐잉역
左營站
불광산 컨딩행 버스 정류장
용호탑
龍虎塔
춘추각
春秋閣
연지담
蓮池潭
쥐잉
구성소려행
舊城小旅行
삼우 우육면
三牛牛肉麵
천수모
天水玥
성타이위안취역
生態園區站
한신 아레나
Hanshin Arena
루이펑야시장
瑞豐夜市
쥐단역
巨蛋站

연꽃 향기를 가득 품은 호수

연지담 蓮池潭 [리엔츠탄]

주소 高雄市左營區翠華路1435號 **위치** MRT R16 쥐잉(左營)역에서 301번 버스 타고 렌츠탄(蓮池潭) 정류장에서 하차 **시간** 24시간 **전화** 07-588-3242

여름이 되면 호수 위로 연꽃 향기를 가득 품는다고 해서 붙여진 연지담은 가오슝을 대표하는 호수다. 총 면적 7.5km²에 달하는 호수 주변으로 무신으로 사랑받는 관우 동상이 세워진 춘추각과 공자묘, 용호탑 등의 크고 작은 사찰들이 함께 어우러져 있다. 호수 주변을 따라 산책로도 발달돼 있어 천천히 자전거를 타면서 둘러보는 것도 좋다.

스페셜 가이드 ★연지담★

연지담이 내려다 보이는 탑

용호탑 龍虎塔 [룽후타]

주소 高雄市左營區蓮潭路 **위치** 연지담 남쪽 **시간** 8:00~17:00 **전화** 07-581-0146

연지담 남쪽에 위치한 용호탑은 1976년에 지어진 후 가오슝을 대표하는 관광 명소로 자리 잡았다. 7층 높이의 2개 탑 입구에 각각 용과 호랑이가 입을 벌리고 있는데 용의 입으로 들어가서 호랑이 입으로 나오게 되면 액운을 씻고 길운으로 바뀐다는 미신이 있어 관광객들은 물론 현지인들도 좋은 기운을 얻기 위해 용호탑을 찾는다. 입구를 통해 들어가면 중국 전설에 등장하는 24인의 형상과 선인과 악인들의 인생 말로를 보여 주는 그림들이 그려져 있다. 탑을 따라 올라가면 연지담이 한눈에 펼쳐지니 꼭 올라가 보자.

귀여운 토토로가 담긴 팥죽

구성소려행 舊城小旅行 [지우청샤오뤼싱]

주소 高雄市左營區勝利路134-3號 **위치** 연지담 용호탑에서 도보 5분 **시간** 12:30~21:30(월, 목, 금), 11:00~21:30(토, 일) **휴무** 화, 수요일 **가격** NT$ 40(홍더우탕[紅豆湯]), NT$ 40~(아이스크림) **홈페이지** zh-tw.facebook.com/tsaichenicecream

쭤잉의 오래된 성벽 건너편에 위치한 곳으로, 수제로 만든 탕위안湯圓 팥죽과 천연 과일 아이스크림 그리고 집에서 직접 끓인 동과차를 판매하는 작은 카페다. 인기 메뉴는 탕위안이 들어간 팥죽인데 그냥 보면 특별할 것 없어 보이는 팥죽이지만 먹다 보면 그 이유를 알 수 있다. 바로 팥죽 속에 숨어 있는 토토로 때문인데, 〈이웃집 토토로〉를 좋아하는 사장님이 직접 만들어 팥죽에 넣어 주는 토토로 떡은 귀여워서 먹기 아쉬울 정도다. 새알심과 토토로 떡이 숨어 있는 팥죽은 건강한 맛을 느낄 수 있어 아이들은 물론 어른들에게도 인기가 많다. 카운터에서는 사장님이 손수 만든 귀여운 가오나시와 토토로 피규어를 함께 판매하고 있다.

가성비 뛰어난 로컬 우육면 식당

삼우 우육면 三牛牛肉麵 [싼니우니우러우미엔]

주소 高雄市左營區勝利路85號 **위치** 연지담 용호탑에서 도보 3분 **시간** 11:00~20:30 **가격** NT$ 110~(우육면) **홈페이지** www.facebook.com/3beef **전화** 07-588-7264

연지담 근처에 위치한 우육면집으로, 식사 시간이 되면 항상 줄을 서야 할 정도로 현지인들은 물론 관광객들에게도 소문난 맛집이다. 입구에서 손님이 앉을 테이블 번호가 적힌 메뉴판을 건네주는데 이곳에 주문할 음식을 체크 후 순서대로 들어가서 카운터에 넘겨 주고 테이블로 가서 앉으면 음식을 갖다 준다. 이곳 우육면의 육수는 신선한 재료들과 최상급 대만산 소 뼈를 넣고 끓여서 만들고 면발은 매일 아침 직접 만든 수타면을 사용하기 때문에 퀄리티 높은 우육면을 맛볼 수 있다.

〈배틀 트립〉에도 나온 훠궈 식당

천수모 天水玥 [티엔수이웨]

주소 高雄市左營區曾子路105號 **위치** MRT R15 성숭위안취(生態園區)역 2번 출구에서 직진하다 첫 번째 사거리에서 우회전 후 직진(도보 5분) **시간** 11:00~24:00 **가격** NT$ 300~(1인 기준) **홈페이지** www.tsy.tw/home/news/21/161 **전화** 07-343-8188

〈배틀 트립〉에서 에이핑크 멤버들이 방문했던 훠궈 전문점. 사자상이 지키는 웅장한 문은 내부 직원의 안내를 받아야만 들어갈 수 있다. 직원의 안내에 따라 들어가면 넓은 홀과 함께 건너편의 거대한 청동 불상이 시선을 사로잡는다. 1인 1훠궈로 각자 원하는 탕을 주문하면 되고, 탕 종류는 일반 백탕, 마라탕, 솜사탕 스키야키 중 선택이 가능하다. 솜사탕 스키야키는 색다른 비주얼로 인기가 많지만 다른 훠궈에 비해 약간 달콤하기 때문에 호불호가 있을 수 있다. 뷔페는 아니지만 고기와 함께 각종 야채, 계란, 음료에 식사까지 푸짐하게 나온다. 식사는 밥과 면 중에 선택이 가능하다. 한국어 메뉴판도 준비돼 있으며 고급 인테리어에 비해 가격은 1인당 20,000원 정도로 훠궈를 즐길 수 있어 인기가 많기 때문에 식사 시간이나 주말에 방문할 계획이라면 미리 예약하는 것이 좋다. 결제는 주문 후 선결제로 카드 결제가 가능하다.

가오슝 유일의 딘타이펑 매장이 입점한 백화점

한신 아레나 Hanshin Arena Shopping Plaza 漢神巨蛋購物廣場 [한선쥐단기우우광창]

주소 高雄市左營區博愛二路777號 **위치** MRT R14 쥐단(巨蛋)역 5번 출구에서 직진(도보 3분) **시간** 11:00~22:00(월~목), 11:00~22:30(금), 10:30~22:30(토, 일) **홈페이지** www.hanshinarena.com.tw **전화** 07-555-9688

가오슝 쥐단역을 나와 걷다 보면 눈에 들어오는 한신 아레나는 한신 그룹이 투자해 새운 백화점으로, 2008년 7월에 문을 열었다. 면적은 기존 한신 백화점보다 1.7배가 크며 주로 20~30대 젊은이들과 가족 단위 고객을 타깃으로 한 매장들이 들어서 있다. 지하 주차장을 포함해 총 10층에 달하는 백화점에는 654개의 매장이 있는데, 그중 15개 화장품 매장은 대만에서 유일하게 이곳에서만 만나 볼 수 있어 젊은 여성들에게 인기가 많다. 지하 식품 코너에는 다양한 패스트 푸드와 딘타이펑, 팀호완이 있어 주말이면 현지인들과 이곳을 찾는 관광객들로 인산인해를 이룬다.

현지인들이 즐겨 찾는 야시장

루이펑 야시장 瑞豐夜市 [루이펑예스]

주소 高雄市左營區裕誠路和南屏路 **위치** MRT R14 쥐단(巨蛋)역 1번 출구에서 직진(도보 2분) **시간** 18:00~다음 날 1:00(점포마다 다름)

리우허 관광 야시장과 함께 가오슝에서 가장 유명한 야시장이다. 리우허 관광 야시장에 관광객들이 주로 찾는다면 루이펑 야시장은 가오슝 시민들이 즐겨 찾는 곳으로 현지 느낌을 물씬 느낄 수 있다. 바둑판처럼 뻗은 골목들을 따라 먹거리, 게임, 의류 매장들이 구역별로 자리 잡고 있다. 무엇보다 대만 현지 먹거리와 함께 한국 치킨, 러시아 불고기, 터키 족발, 멕시코 타코와 같은 색다른 외국 음식들이 한자리에 모여 있어 각종 산해진미를 맛볼 수 있다.

대만의 설탕 역사를 만나 볼 수 있는 곳

교두당창 예술촌 橋頭糖廠藝術村 [챠오터우탕창이슈춘]

주소 高雄市橋頭區糖廠路24號 **위치** MRT R22A 챠오터우탕창(橋頭糖廠)역 2번 출구에서 왼쪽으로 직진(도보 5분) **시간** 9:00~16:00 **홈페이지** www.taisugar.com.tw **전화** 07-611-3691

일제 시절인 1901년에 설립된 대만의 첫 번째 설탕 공장이다. 100년이 넘은 국가 고적으로 지금은 박물관으로 변모해 관광 명소로 거듭났다. 공장 단지 야외에는 지금은 멈춰선 중장비들이 잘 보존돼 관람객들을 맞이하고 있으며 설탕 문화 주제관에서는 압축기, 분밀기와 같이 당시 사용했던 설비들과 설탕 제조 과정, 대만의 설탕 역사 및 발전 과정을 전시하고 있다. 공장 단지 내에 조경도 잘 조성돼 있는데 옛 공장들과 오래된 철길, 높게 뻗은 나무들이 이색적인 풍경을 자아내어 출사지로도 인기가 많으며 대만 설탕을 사용해 만든 사탕과 디저트 제품을 판매하는 카페도 있다.

거대하고 웅장한 불상을 만나보자

불광산 佛光山 [포광산]

주소 高雄市大樹區興田里興田路153號 **위치** MRT R16 줘잉(左營)역 1번 출구에서 2번 버스 플랫폼에서 불광산행 버스 탑승 **시간** 9:00~17:00 **휴무** 월요일 **전화** 07-656-1921

가오슝 근교에 위치한 불광산은 산 전체가 사원으로 이루어진 대만 불교의 총 본산지로 유명한 곳이다. 대만에서 가장 큰 불교 사찰인 이곳은 1967년 성운법사星雲法師에 의해 건립됐으며 사원, 기념관, 정원 등으로 이루어진 복합 문화 단지를 형성해 신도들은 물론 관광객들에게 다양한 볼거리를 제공하고 있다. 하이라이트는 정원으로 나가면 멀리서도 눈에 들어오는 대불상이다. 높이 40m에 달하는데 점점 다가갈수록 그 웅장함에 압도된다. 박물관에는 불교와 관련된 자료들이 전시돼 있으며 식당, 카페 기념품 매장들이 들어서 있다. 불교에 관심이 있다면 꼭 한 번 방문해 볼 가치가 있는 곳이다.

도심 속 휴식 공간

중앙 공원

中央公園

중산이루中山一路에 위치한 중앙공원역은 원래 가오슝시 중산 체육관이 있던 곳이었다. 지금은 10~20대 젊은이들로 가득한 번화가와 함께 도심 속 휴식 공간을 제공하는 중앙 공원이 마주하고 있는 특색 있는 지역으로 시민들에게 사랑받고 있다. MRT 중앙공원역을 중심으로 동쪽은 잡화, 화장품, 의류 매장들과 카페, 노점들이 들어서 있어 젊은이들의 활기가 넘치는 거리인 반면, 서쪽은 저녁이면 아름다운 조명이 켜지는 성시광랑, 산책로와 조그마한 호수가 운치 넘치는 중앙 공원이 서로 다른 매력으로 시민들과 여행객들을 유혹한다.

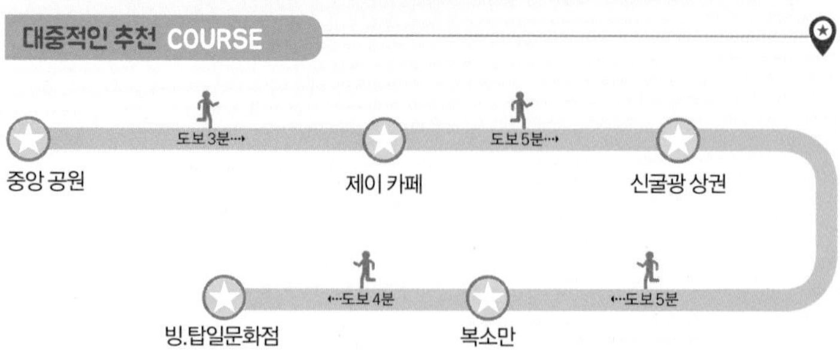

아이콘 호텔
IconHotel

휘이얼메이
惠而美

카페 자연성
Cafe自然醒

생일 공원
生日公園

중앙 공원

싼둬상치안역
三多商圈站

FE21 메가
FE21 Mega

가오슝 85빌딩
高雄85大樓

시민들의 쉼터

중앙 공원 中央公園 [중앙공위안]

주소 高雄市前金區中華三路 **위치** MRT R9 중앙공위안(中央公園)역 1번 출구에서 바로

중앙공원역에서 에스컬레이터를 타고 올라가면 나오는 중앙 공원은 가오슝 시내 중심에 위치한 공원으로, 공원 곳곳에 설치 미술과 잘 조성된 산책길, 길게 뻗은 야자수, 야외 공연장, 조그마한 호수, 밤이면 화려한 조명이 켜지는 성시광랑Uban Spolight이 어우러져 도심 속에서 여유를 즐기려는 시민들에게 쉼터를 제공한다. 주말이면 공연 연습하는 학생들과 강아지와 산책 나온 시민들을 볼 수 있다.

어둠을 밝히는 도심 속 빛

성시광랑 城市光廊 [청스광랑]

주소 高雄市前金區中華三路6號 **위치** MRT R9 중앙공위안(中央公園)역 1번 출구에서 도보 3분 **시간** 24시간
전화 07-342-9963

중앙 공원 옆에 위치한 성시광랑은 도심 속 예술 거리다. 조용한 공원의 산책길을 따라가다 보면 나오는 이곳은 예술가들의 설치 예술품들을 감상할 수 있는데, 저녁이 되면 어두운 공원 위로 화려한 불빛들이 펼쳐지면서 순식간에 공원 분위기가 바뀌며 사람들의 발길을 사로잡는다.

특별한 사장님을 만나 볼 수 있는 카페

제이 카페 J CAFÉ

주소 高雄市前金區中華三路6號 **위치** MRT R9 중앙공위안(中央公園)역 1번 출구에서 왼쪽 대각선으로 직진(도보 5분) **시간** 10:30~23:00 **전화** 07-272-1999

중앙 공원 끝에 위치한 카페로, 조용한 분위기에 여유로운 시간을 보내려는 사람들에게 인기가 많다. 이곳 사장님은 아주 특별한 분인데 바로 대만에서 모르는 사람이 없는 대만 최고의 가수 주걸륜이다. 평소 슈퍼카 수집이 취미인 그가 실제 베트카를 구입해 입구 옆에 전시해 놓기도 했다. 이 슈퍼카는 밤이 되면 조명을 받아 실제로 배트맨이 나타나서 운전할 듯한 분위기를 연출한다. 카페에서는 브런치와 식사 및 디저트를 판매하고 있는데 퀄리티가 좋아 셀럽들도 즐겨 찾는다. 그리고 가끔 사장님이 카페에 모습을 비추기도 하는데 운이 좋으면 그를 직접 만나 사진도 함께 찍을 수 있으니 주걸륜을 좋아한다면 꼭 한 번 찾아가 보자.

여행객들에게도 인기 만점인 전통 훠궈 식당

노사천 老四川 [라오스촨]

주소 高雄前金區中華三路23之6號 **위치** MRT R9 중앙공위안(中央公園)역 1번 출구에서 직진(도보 5분) **시간** 11:30~다음 날1:30 **가격** NT$ 850(테이블 최소 주문 금액) **홈페이지** www.oldsichuan.com.tw **전화** 07-221-8026

전통 사천식 마라 훠궈로 대만 현지인들뿐만 아니라 한국인들에게도 많이 알려진 훠궈 맛집이다. 탕은 백탕, 마라탕 그리고 백탕과 마라탕이 함께 나오는 위안양鴛鴦 마라궈麻辣鍋 중 선택하면 된다. 백탕은 닭 뼈와 돼지 뼈, 양파와 야채를 넣어 끓인 보양식 육수로 담백한 맛이 특징이며, 마라탕에는 오리 선지와 두부를 넣어 주는데 무제한 리필이 가능하다. 특히 오리 선지는 한국에서는 쉽게 맛볼 수 없는데 매우 비린내가 없고 탱글탱글하면서도 부드러워 선지를 좋아하지 않는 사람들도 쉽게 맛볼 수 있을 정도다. 그리고 사이드 메뉴 중 여우타오油条 는 꼭 함께 먹어 보자. 훠궈 소스는 NT$ 30에 따로 구입해야 하고 1인당 NT$ 120 테이블 비용과 미니멈 차지 NT$ 850이 발생한다.

가오슝의 시먼딩

신굴강 상권 新堀江商圈 [신쿠쟝상취안]

주소 高雄市新興區五福二路 **위치** MRT R9 중앙공위안(中央公園)역 2번 출구에서 직진하다 우푸얼루(五福二路) 따라 좌회전(도보 3분) **시간** 14:00~22:30(점포마다 다름)

도쿄의 하라주쿠, 서울의 동대문과 같은 곳으로, 대만 남부에서 최신 유행하는 의류 브랜드와 화장품 매장들이 들어서 있다. 바둑판처럼 이어진 거리에는 아시아의 패션 트렌드를 선도하는 홍콩, 일본, 한국에서 수입한 아이템들을 거리 곳곳에서 엿볼 수 있는데, 가격 또한 저렴해 패션에 민감한 학생들에게 그야말로 쇼핑의 천국과도 같은 곳이다. 의류 매장 이외에도 각종 먹거리와 분위기 좋은 카페, 레스토랑들도 즐비해 있어 주말이면 항상 젊은이는 물론 데이트를 즐기는 연인들로 붐빈다.

달콤한 흑설탕과 신선한 우유로 만나는 밀크티

흑노대 黑老大 [헤이라오다]

주소 高雄市新興區文横一路17號 **위치** MRT R9 중앙공위안(中央公園)역 2번 출구에서 직진하다 우푸얼루(五福二路) 따라 좌회전 후 원헝이루(文横一路)에서 좌회전해서 직진(도보 4분) **시간** 12:00~21:00 **가격** NT$ 45~ **홈페이지** www.facebook.com/pg/twblackboss **전화** 908-165-382

최근 중앙 공원 신굴강 상권에 오픈한 버블 밀크티(전주나이차) 전문점이다. 현지인들에게 유명한 맛집으로, 버블 밀크티는 타이베이 버블 밀크티로 유명한 천산딩과 같이 차를 넣지 않고 우유만 넣어서 버블 밀크티를 만들어 준다. 흑설탕에 쫄깃한 타피오카를 오랜 시간 졸인 후 신선한 우유에 넣어 줘 타피오카가 담긴 아랫부분은 뜨거우면서 위는 시원한 밀크티를 맛볼 수 있다. 처음에는 타피오카와 우유를 섞지 않고 빨대를 꽂아 쫄깃한 타피오카를 맛본 후 섞어서 마셔 보자. 플라스틱 컵과 봉지 중 선택이 가능한데 맛의 차이는 없고 봉지에 담아주는 것이 양이 조금 더 많다.

건강하게 즐기는 장어덮밥

복소만 僕燒鰻 [푸샤오만]

주소 高雄市新興區新田路97號 **위치** MRT R9 중앙공위안(中央公園)역 2번 출구에서 직진하다 우푸얼루(五福二路) 따라 좌회전 후 원헝얼루(文橫二路)에서 우회전해서 직진 후 다섯 번째 사거리에서 왼쪽으로 직진(도보 10분) **시간** 11:30~14:00, 17:00~21:00 **가격** NT$ 280~(장어덮밥) **홈페이지** www.facebook.com/puBBQEel **전화** 07-216-5028

일본식 장어덮밥으로 소문난 곳이다. 매일 싱싱한 장어를 공수해서 정성스럽게 직접 손질하는 과정을 거친 장어는 살이 부드럽고 비린내가 없어 남녀노소에게 인기가 많다. 대표 메뉴는 장어덮밥으로 윤기가 흐르는 밥에 장어를 올려주는데 소와 대자 중에서 선택 가능하다. NT$ 150을 추가하면 세트 메뉴로 업그레이드 해주는데 간단한 회, 샐러드와 야채, 계란찜이 함께 나오는데 작은 사이즈의 장어덮밥과 함께 주문해서 먹으면 든든하고 건강한 한 끼 식사를 해결할 수 있다. 장어덮밥 이외에도 다른 덮밥 메뉴도 있으며 장어 샐러드는 이곳의 별미로 더위에 지친 몸을 제대로 보신할 수 있다.

먹기 아까운 비주얼을 자랑하는 빙수

빙.탑일문화점 冰。塔一文化店 [빙 타이원화디엔]

주소 高雄市新興區文化路64號 **위치** MRT R9 중앙공위안(中央公園)역 2번 출구에서 직진하다 우푸얼루(五福二路) 따라 좌회전 후 원헝얼루(文橫二路)에서 우회전해서 직진 후 두 번째 사거리에서 왼쪽으로 직진(도보 6분) **시간** 12:00~22:30 **가격** NT$ 85~(빙수) **홈페이지** www.facebook.com/btod1118 **전화** 07-281-3152

큼지막한 과일과 달콤한 아이스크림으로 SNS에서 핫한 빙수집이다. 실제 파인애플을 반으로 갈라 그 속에 신선한 파인애플과 밀크티 아이스크림을 올려주는 펑리레이멍鳳梨雷蒙이 베스트 메뉴다. 겨울에는 싱싱한 딸기와 달콤한 연유에 고소한 시리얼와 큼지막한 아이스크림을 올린 새콤달콤한 차오메이쥬구리草莓朱古力를 맛볼 수 있는데, 보기만 해도 먹기 아까운 비주얼을 자랑한다. 1인 1메뉴 이상 주문해야 하는데 빙수는 2명이 먹기에 양이 충분하다.

가오슝의 랜드마크와
대형 쇼핑몰이 어우러져 있는

삼다 상권

三多商圈

2000년대 초반부터 대형 백화점들이 하나둘씩 들어오면서 가오슝의 가장 번화한 상권 하나로 자리 잡은 삼다 상권에는 MRT역 주변으로 소고SOGO, 신광싼웨, FE21MEGa 등이 모여 있어 쇼핑하기에 최고의 장소다. 백화점 안에는 대형 영화관을 비롯해 명품 매장, 해외 브랜드와 여성들이 즐겨 찾는 화장품 매장들이 입점해 있어 20~30대 여성들에게 인기가 많다. 그리고 가오슝의 랜드마크인 가오슝 85빌딩에서 비교적 가까워 101빌딩과 쇼핑센터가 밀집돼 있는 타이베이의 신이信義 지역과 비슷한 분위기를 느낄 수 있다.

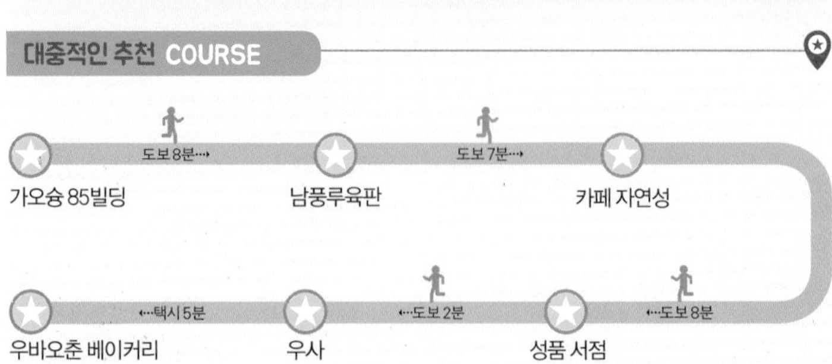

삼다 상권

토토로 카페
夜猫子雪花冰

우바오춘 베이커리
吳寶春麥方店

카페 자연성
Cafe自然醒

생일 공원
生日公園

남풍루육판
南豐魯肉飯

市立苓洲國小

스타벅스
Starbucks

싼둬상치안역
三多商圈站

태평양 SOGO 백화점
太平洋SOGO

호텔 코지
HOTEL COZZI

FE21 메가
FE21 Mega

성품서점
誠品遠百店

우사 Woosa

가오슝 85빌딩
高雄85大樓

실크클럽
Silk Club

가오슝 시립 도서관
高雄市立圖書館

가오슝 전시관高
雄展覽館

노공 공원
勞工公園

큐빅
kubic

스지아역
獅甲站

이케아
IKEA

하늘을 향해 높이 솟은 가오슝의 랜드마크

가오슝 85빌딩 高雄85大樓 [가오슝 85 다로우]

주소 高雄市自強三路1號 **위치** MRT R8 싼둬상취안(三多商圈)역 2번 출구에서 가오슝 85빌딩 방향으로 직진(도보 7분) **시간** 9:00~22:00(전망대 시간) **요금** NT$250(전망대) **전화** 07-566-8000

대만에서 두 번째로 높은 건물로 가오슝을 대표하는 랜드마크다. 1999년에 완공된 빌딩은 독특한 외관을 자랑하는데 바로 가오슝高雄 도시 이름에서 앞 글자인 가오高를 나타내고 있다. 높이가 약 300m에 달하며 지상 85층, 지하 5층에 대형 복합 쇼핑몰과 호텔 및 레스토랑이 들어서 있으며 74층에 가오슝 시내와 항구를 한눈에 바라볼 수 있는 전망대가 있다. 전망대 티켓은 1층에서 구입 가능하며 시속 120km 속도로 약 43초 만에 전망대에 도달한다. 전망대 안에는 수시로 전시회가 열리며 기념품 가게와 쉬어 갈 수 있는 카페가 입점해 있다.

대형 백화점들이 모여 있는 쇼핑 지역

삼다 상권 三多商圈 [산둬상취안]

주소 高雄市三多三路 **위치** MRT R8 싼둬상취안(三多商圈)역에서 바로

MRT 삼다상권역을 중심으로 FE21 메가, 소고SOGO 백화점, 신광싼웨新光三越 백화점 같은 대형 백화점들과 쇼핑 거리가 밀집돼 있어 그야말로 가오숑에서 가장 번화한 쇼핑 지역이다. 주로 젊은이들이 즐겨 찾는다. 중산루 주변으로 의류 매장과 잡화점들이 들어서 있으며 저렴한 가격에 각종 생활용품들을 판매해 시민들은 물론 관광객들에게도 인기다. 저녁이면 미쓰코시 백화점 건너편에 야시장이 들어서니 쇼핑 후 지친 몸을 야식으로 기력을 회복해 보자.

계단식 실내가 인상적인 대만 대표 서점

성품 서점 Eslite Bookstore 誠品遠百店

주소 高雄市苓雅區三多四路21號 **위치** 다위안(大遠) 백화점 안 **시간** 10:30~22:30 **전화** 07-331-3102

다위안 백화점 17층에 위치한 성품 서점 위안바이점은 'simple and star'라는 이념으로 인테리어 한 플래그십 스토어로 서점 매장 안으로 들어서면 넓은 홀을 중심으로 사방이 계단식으로 오픈돼 있다. 편안하면서 조용한 분위기와 넓은 공간은 시민들에게 독서 공간을 제공해 줘 누구나 부담 없이 서점을 방문해 책을 읽을 수 있는 환경을 만들어주고 있다. 서점 구역 외에도 음악관, 푸드 코트, 쇼핑 존, 다양한 민속 애니메이션이 한데 모여 있어 독서와 쇼핑을 함께 즐길 수 있다.

달콤한 팬케이크를 만나볼 수 있는 디저트 카페

우사 Woosa

주소 高雄市苓雅區三多四路21號 **위치** 다위안(大遠) 백화점 안 **시간** 11:00~22:00 **가격** NT$ 130~(음료), NT$ 240~(팬케이크) **전화** 07-338-3806

최근 가오슝에서 오픈한 팬케이크 전문점으로, 젊은 여성들에게 핫 플레이스로 떠오른 곳. 부드러운 팬케이크에 싱싱한 과일과 아이스크림의 조합은 그야말로 환상적이다. 팬케이크 주문 시 NT$ 130 정도의 음료를 함께 주문할 수 있는데 차액이 발생하면 그만큼의 비용만 추가 지불하면 된다. 여름에는 망고 아이스크림이 올라간 팬케이크, 겨울에는 달콤한 딸기 팬케이크를 계절 한정 판매하고 있으며 블루베리와 딸기 요거트 스무디는 매일 한정 판매하고 있는데 인기가 많아 일찍 방문하는 것이 좋다.

전 세계 원두로 만든 스페셜 커피를 만나 볼 수 있는 곳

카페 자연성 Cafe自然醒 [카페 즈란싱]

주소 高雄市中山二路463號 **위치** MRT R8 싼둬상취안(三多商圈)역 7번 출구에서 직진(도보 7분) **시간** 8:00~18:00 **휴무** 화요일 **가격** NT$ 120~ **홈페이지** www.facebook.com/Cafewakeup/ **전화** 07-536-6067

2014년 세계 바리스타 대회에서 우승을 차지한 챔피언이 오픈한 카페로, 꽤 수준 높은 커피를 맛볼 수 있다. 안쪽 벽면에 빼곡하게 스페셜 커피가 적혀 있는데 로스팅 방식, 커피에 사용하는 원두의 원산지와 향이 함께 적혀 있어 취향에 따라 원하는 커피를 쉽게 주문할 수 있다. 스페셜 커피를 주문하면 직원이 주문한 커피의 원두를 비커에 담아와 시향과 함께 원두에 대해 설명을 해준다. 따뜻한 커피와 함께 작은 잔에도 커피를 담아 함께 주는데 이 잔에 담긴 커피는 식은 후 마시면서 온도 차에 따른 커피 맛을 직접 비교해 볼 수 있도록 내린 커피니 가장 나중에 마시는 것이 좋다.

두툼한 고기가 인상적인 로컬 식당

남풍루육판 南豐魯肉飯 [난펑루러우판]

주소 高雄市苓雅區自強三路139號 **위치** MRT R8 싼둬상취안(三多商圈)역 7번 출구에서 직진하다 링야얼루(苓雅二路)에서 좌회전 후 직진(도보 13분) **시간** 10:00~22:00 **가격** NT$50(루러우판[魯肉飯]) **전화** 07-331-2289

남풍루육판은 가오슝에서 인기 많은 루러우판(돼지조림 비빔밥) 식당 중 한 곳으로, 벌써 3대째 영업을 하고 있다. 루러우판은 보통 다진 고기를 간장에 졸인 후 흰밥에 올려 준 덮밥이지만 이곳에서는 고기를 다지지 않고 덩어리 채로 올려 준다. 밥 위에 올려주는 고기는 크기도 크지만 두께도 생각보다 훨씬 두꺼우며 게다가 고기만 따로 추가가 가능하다. 보기와 다르게 고기는 한입 베어 물면 부드럽게 녹아내리는데 고기에 비계가 비교적 크기 때문이다. 그래서 먹다 보면 느끼할 수 있는데 이땐 담백한 탕을 주문해 함께 먹어 보자. 완자가 담겨져 나오는 죽순탕은 담백하면서 야채의 신선한 향이 루러우판의 느끼함을 잘 달래준다.

귀여운 토토로와 향기로운 꽃이 반겨주는 카페

토토로 카페 夜猫子雪花冰 [예마오즈쉐화빙]

주소 高雄市前金區新田路323號 **위치** 중앙공원(中央公園) 성시광랑(城市光廊)에서 도보 8분 **시간** 12:00~21:30 **가격** NT$ 85~(음료), NT$ 140~(빙수) **전화** 07-241-9970

토토로 카페로 알려진 카페로 입구를 통해 들어가면 드라이 플라워가 천장을 가득 매워 향긋한 꽃 향기가 반겨 준다. 매장 곳곳에서 〈이웃집 토토로〉의 캐릭터들이 인사를 하고 있으며 카운터 옆 벽면을 전부 드라이 플라워로 장식하고 중간에 토토로 인형이 놓여 있는데 카페에서 가장 인기 있는 포토존이니 귀여운 토토로와 함께 사진을 찍어 보자. 메뉴는 1인 1메뉴 이상 주문해야 하는데 빙수는 2명이 먹기에 양이 충분하고 떡이 함께 나오기 때문에 빙수는 한 개만 주문하고 음료나 차를 주문하는 것이 좋다.

가오슝에서 가장 유명한 베이커리

우바오춘 베이커리 吳寶春麥方店 [우바오춘마이팡디엔]

주소 高雄市苓雅區四維三路19號 **위치** ❶ MRT R8 싼둬상취안(三多商圈)역 5번 출구에서 도보 약 15분 ❷ 택시로 5분 **시간** 10:00~20:30 **홈페이지** www.wupaochun.com **전화** 07-335-9593

2010년 프랑스 베이커리 월드컵에서 우승을 차지한 이후 대만과 가오슝을 대표하는 빵집으로 유명해진 우바오춘 본점. 우바오춘은 제빵사 성공 실화를 담은 영화가 제작됐을 정도로 가오슝에서는 엄청난 인기를 자랑한다. 오전에 방문하면 항상 갓 나온 빵을 구입하려는 손님들로 문전성시를 이룬다. 대표 메뉴이자 가장 인기 있는 빵은 2010년 월드 챔피언을 거머쥔 리치 장미 빵荔枝玫瑰麵包으로 처음 본다면 크기에 놀라게 된다. 이외에도 각종 베이커리 대회에서 입상한 빵들과 동과冬瓜를 넣지 않은 펑리수도 함께 판매하고 있다.

도시의 랜드마크와 함께
새롭게 떠오르는

가오슝 남부

高雄 南部

가오슝 남부 지역은 경전철이 개통되고 항구 주변으로 MLD대려와 큐빅 같은 관광 명소가 들어서면서 핫 플레이스로 떠오르고 있는 곳이다. 가오슝에서 현대적이고 세련된 쇼핑 타운인 MLD대려와 이케아, 까르푸가 밀집돼 있어 쇼핑을 좋아하는 사람에게는 천국이라고 할 만하다. 그밖에도 가오슝의 바다와 시내가 내려다보이는 드림몰의 대관람차, 일본 스즈키 F1 코스를 그대로 체험할 수 있는 카트 레이싱까지 다양한 엔터테인먼트로 가득하다.

대중적인 추천 COURSE

MLD대려 → 도보 4분 → 큐빅 → 도보 4분 + 경전철 5분 → 드림몰 → 경전철 3분 → 전진자성 → MRT 4분 → 타로코 테마파크 → 도보 2분 → 미니 스즈카 서킷

TIP

타로코 테마파크는 공항에서 MRT로 한 정거장 거리밖에 되지 않아 귀국 날 공항 2층 코인 로커에 짐을 보관하고 돌아봐도 괜찮다. 카트 레이싱을 경험할 계획이라면 주말에는 이용객이 많고 사전 교육을 받아야 하기 때문에 최소 공항 체크인 2시간 전에는 가서 등록하는 것이 좋다.

가오슝 남부
가오슝 시립 도서관
高雄市立圖書館
실크 클럽
Silk Club
가오슝 전시관
高雄展覽館
KUBIC
호텔 코지
HOTEL COZZI
이케아
IKEA
큐빅
kubic
이케아
IKEA
노공 공원
勞工公園
까르푸
Carrefour
스지아역
獅甲站
빙우
冰屋
MLD대려
MLD台鋁
카이쉬안역
凱旋站
드림몰
夢時代購物中心
전진지성
前鎮之星
슈가 앤 스파이스
sugar & spice
춘수당
春水堂
카렌
Karen
치엔전가오중역
前鎮高中站
타로코 테마파크
Taroko Park

파도 모양의 건축물

가오슝 전시관 高雄展覽館 [가오슝잔란관]

주소 高雄市前鎮區成功二路39號 **위치** LRT C8 가오슝잔란관(高雄展覽館)역에서 하차 **시간** 9:00~18:00(월~금), 9:00~21:00(토, 일) **홈페이지** www.kecc.com.tw **전화** 07-213-1188

가오슝 전시관은 치엔전前鎮, 삼다 상권 부근에 위치해 있으며 2014년에 지어졌다. 전시관은 그린 건축의 스마트 건축물로 파도 모양의 지붕 디자인은 가오슝 항구에서 가오슝 85빌딩과 함께 새롭게 가오슝의 랜드마크로 자리 잡았다. 실내 전시 공간은 두 개의 구역으로 나뉘어 있으며 각각 유형별로 전시 활동 및 공연 등을 개최하고 있다. 야외 전시장은 국제적인 전시를 개최할 수 있는 시설을 갖추고 있어 다양한 대형 전시회도 볼 수 있다.

나무를 테마로 디자인한 도서관

가오슝 시립 도서관 高雄市立圖書館 [가오슝스리투슈관]

주소 高雄市前鎮區新光路61號821 **위치** MRT R8 싼둬상취안(三多商圈)역 2번 출구에서 직진 후 신광루(新光路)에서 우회전해서 직진하다 건너편(도보 4분) **시간** 10:00~22:00 **휴관** 월요일 **홈페이지** www.ksml.edu.tw **전화** 07-536-0238

가오슝 시민들의 독서 풍조와 문화적 소양을 제공하기 위해 지어진 가오슝 시립 도서관은 나무를 테마로 디자인해 도서관 전체가 큰 나무 형태의 모양을 하고 있다. 실내에서도 나무를 볼 수 있는데 이는 환경까지 생각한 건축 디자인으로 에너지를 절약하고 탄소 배출량을 줄이는 역할을 해준다. 가오슝 시립 도서관 외에도 다른 지역에는 커뮤니티 도서관과 별관이 설치돼 있고, 대중적인 독서 공간도 마련돼 있어 누구나 편하게 도서관을 찾아 독서를 즐길 수 있다.

알루미늄 공장의 새로운 변신

MLD대려 MLD台鋁 [MLD타이뤼]

주소 高雄市前鎮區忠勤路8號 **위치** LRT C7 롼티위안취(軟體園區)역에서 도보 4분 **시간** 1:00~22:00(월~금), 10:00~22:00(토, 일) **홈페이지** mld.com.tw **전화** 07-536-5388

일찍이 대만 알루미늄 공장이 이었던 이곳은 일제 시대까지 알루미늄을 생산했었다. 총 길이가 315m, 폭 64m에 달하는 공장 부지를 호텔 두아Hotel Dùa 그룹이 새롭게 투자해 옛 공장의 모습을 최대한 유지하면서 현대식 인테리어를 결합시켜 서점, 극장, 시장, 미식 레스토랑 및 예식장 등의 복합 레저 단지로 다시 태어났다. 유럽 분위기의 오픈식 카페, 세계 각지의 식재료를 맛볼 수 있는 MLD 프레시Fresh 마트, 중식과 일식, 서양식 등 다양한 음식을 만나 볼 수 있는 미식 거리와 함께 대만에서 가장 아름다운 서점으로 손꼽히는 MLD 리딩Reading까지 그야말로 볼거리와 즐길 거리가 가득하다. 주말에는 독특한 수제품을 판매하는 크레에이티브 마켓이 열린다.

가오슝 남부의 핫 플레이스

큐빅 KUBIC 集合 [지허]

주소 高雄市前鎮區復興三路5號 **위치** LRT C7 롼티위안취(軟體園區)역에서 푸싱싼루(復興三路) 따라 좌회전 후 직진(도보 4분) **시간** 10:00~18:00(월~금), 10:00~20:00(토, 일)/ 24시간(실외) **홈페이지** www.kubic.com.tw **전화** 07-334-7310

2017년 개장한 후 가오슝 남부에서 핫 플레이스로 떠오르는 곳이다. 우리나라 건대입구의 커먼 그라운드를 연상시키는 다양한 컬러의 컨테이너들이 시선을 사로잡으며 버려졌던 조그마한 공터에 활기를 불어넣었다. 약 33개의 공간에는 전시관, 공방 등이 들어서 있으며 주말이면 작은 플리마켓이 열리며 각종 거리 공연들도 함께 만나 볼 수 있다.

600여 개의 매장이 들어선 대형 쇼핑센터

드림몰 夢時代購物中心 [멍스다이거우우중신]

주소 高雄市前鎮區中華五路789號 **위치** LRT C5 멍스다이(夢時代)역에서 하차 **시간** 11:00~22:00(월~목), 11:00~22:30(금), 10:30~22:30(토), 10:30~22:00(일요일 및 공휴일) **요금** NT$ 150(마천루) **홈페이지** www.dream-mall.com.tw **전화** 07-973-3888

2007년에 지하 3층~지상 10층의 규모로 자연, 물, 꽃, 우주를 테마로 꾸며진 4개의 건물이다. 이곳에는 해외 명품 매장부터 대형 서점, 자동차용품 판매점, 미식 거리까지 약 600여 개의 매장 들어서면서 가오슝 남부를 대표하는 대형 쇼핑몰이 됐다. 건물 야외에 설치된 가오슝 아이eye라고 불리는 대관람차에서는 가오슝 시내와 해안가를 바라볼 수 있어 아이들은 물론 연인들의 데이트 코스로 인기가 많으며, 주말이면 다양한 행사와 페스티벌이 열려 아이를 동반한 가족들이 많이 방문한다.

카렌 Karen

주소 高雄市前鎮區中華五路789號 **위치** 드림몰 지하1층 **시간** 11:00~22:00 **가격** NT$ 750~(2인 세트) **전화** 07-976-0201

이미 한국 여행객들 사이에서도 유명한 철판 요리 전문점으로, 즉석 철판 요리를 한국에 비해 비교적 저렴한 가격에 만나 볼 수 있다. 단품보다는 세트 메뉴로 주문하는 것이 조금 더 경제적이고, 많은 음식을 맛볼 수 있다. 한국인이 많이 방문하기 때문에 한국어 메뉴판도 준비돼 있다. 푸드 코트에 있는 음식점치곤 저렴한 가격은 아니지만 그만큼 퀄리티 좋은 철판 요리를 맛볼 수 있다.

슈가 앤 스파이스 sugar & spice

주소 高雄市前鎮區中華五路789號 **위치** 드림몰 지하1층 **시간** 11:00~22:00 **가격** NT$ 250~(일반 누가 사탕 法式牛軋糖) **홈페이지** www.sugar.com.tw **전화** 07-970 3289

대만의 누가 사탕 대표 브랜드로 자꾸만 손이 가는 중독성 있는 맛의 누가 사탕을 맛볼 수 있다. 달콤한 누가에 고소한 아몬드가 담긴 탕춘의 누가 사탕은 기계가 아닌 수공예로 직접 하나하나 만들기 때문에 확실히 다른 곳과 비교하면 그 부드러움이 다른 것을 느낄 수 있다. 가격은 조금 비싼 편이지만 선물용으로 인기가 많다. 프랑스식 누가 사탕 이외에도 커피 맛과 딸기 맛도 최근에는 녹차 맛도 출시했으며 펑리수, 태양병도 판매하고 있다.

춘수당 春水堂 [춘수이탕]

주소 高雄市前鎮區中華五路789號 **위치** 드림몰 1층 **시간** 11:00~22:00 **가격** NT$ 75~ **홈페이지** www.chunshuitang.com.tw/ **전화** 07-970-0832

타피오카가 들어간 버블 밀크티(전주나이차)의 원조 집으로, 본점은 타이중 징밍이제精明一街에 있으며 대만 전역은 물론 일본에도 진출한 대만을 대표하는 음료 브랜드다. 입구 옆에 귀여운 버블 밀크티(전주나이차) 모형이 반겨 주는 드림몰 점은 내부로 들어가면 넓은 실내가 나오는데, 음료 이외에도 대만 전통 차와 식사도 함께 주문 가능해 쇼핑몰을 둘러보며 지친 심신을 잠시 쉬어 가기에 좋다.

가오숑의 도심을 바라볼 수 있는 자전거 도로

전진자성 前鎮之星 [치엔전즈싱]

주소 高雄市前鎮區中山三路與凱旋四路交叉口 **위치** LRT C3 치엔전즈싱(前鎮之星)역에서 바로

영국의 대표 동화책인 《잭과 콩나무》에서 영감을 얻어 디자인한 자전거 전용 도로로 2013년 UN으로부터 국제 거주 도시 건축 은상을 수상하며 새로운 랜드마크로 떠오르고 있는 곳이다. 마치 예술 작품을 연상시키는 도로는 복잡한 교차로의 통행을 더욱 수월하게 하는 큰 역할을 하면서 시민들의 불편함을 크게 해소했다. 저녁이면 조명이 켜지면서 또 다른 아름다운 풍경을 연출하며 가오숑 국제공항에서 가까워 비행기의 이착륙을 조금이나마 더 가까이 감상할 수 있어 출사지로도 인기가 많다.

가오슝 최대 테마파크

타로코 테마파크 Taroko Park 大魯閣草衙道

주소 高雄市前鎮區中山四路100號 **위치** MRT R4A 차오야(草衙)역 2번 출구에서 도보 1분 **시간** 11:00~22:00(월~금), 10:30~22:30(토, 일) **홈페이지** www.tarokopark.com.tw **전화** 07-796-9999

타로코 테마파크는 4년이란 시간과 60억 대만 달러를 투자해 2016년 5월에 오픈한 최신 복합 엔터테인먼트 센터다. 총 면적 8.7 ha에 달하는 부지 위로 쇼핑센터, 영화관, 헬스 클럽 등 다양한 시설과 놀이동산을 만나볼 수 있어 그야말로 세계 유일의 대형 매장과 체험형 놀이공원을 갖춘 쇼핑센터다. 그 중에서도 하이라이트는 F1 트랙이다. 실제 일본 스즈카 F1국제 서킷을 1/10 로 축소한 트랙은 남자들뿐만 아니라 성인 여성들에게도 인기가 많다.

스페셜 가이드

★타로코 테마 파크★

미니 스즈카 서킷 MINI SUZUKA CIRCUIT

위치 타로코 테마 파크 안 **요금** NT$ 550(1인), NT$ 700(2인), NT$ 100 (강습)

일본 스즈카 F1 트랙을 그대로 가져온 카트 레이싱 트랙으로 타로코 공원에서 가장 인기 있는 놀이 기구다. 트랙의 길이는 실제 F1 트랙의 10분의 1인데 실제 코스를 달리다 보면 카트 역시 일반 놀이동산에서 탑승하는 카트가 아닌 포뮬러의 기능과 모습을 그대로 따와 만든 것으로 최대 시속 80km까지 달릴 수 있도록 설계됐다. 약 8분여 동안 계속 트랙을 돌 수 있으며 카운터에서 등록 후 레이싱에 들어가기 전에 20여 분간 안전을 위한 교육을 진행한다. 2층에서는 실제 레이싱을 참관할 수 있다. 처음 등록할 때 ID란에는 여권 번호를 적어야 하니 여권 번호를 사전에 메모해서 가는 것이 좋다.

TAINAN

타이난

台南

대만의 옛 수도였던 타이난은 오래된 시간의 흔적을 도시 곳곳에서 만날 수 있어 유적 도시로 불린다. 1620년대를 시작으로 200여 년 동안 대만의 수도이자 중심 도시로 큰 번영을 누렸으며 도심과 안평 지역에 수많은 유적지가 잘 보존돼 있고 대만에서 미식 천국이라 불릴 정도로 식문화가 발달해 먹거리가 풍부하다. 뿐만 아니라 오래된 거리나 건물들에 젊은 예술가들이 활력을 불어넣으며 문화 예술 도시로서 주목을 받고 있는 타이난은 과거와 현재가 공존하는 도시로 그야말로 다양한 매력을 지녀 점점 주목을 받고 있다.

타이난 전도
안핑
사초녹색수도
四草綠色隧道
안평서옥
安平樹屋
해산관 海山館
안평고보
安平古堡
검사정 劍獅埕
억재금성
億載金城
타이난 시내
321 예술 특구
321藝術特區
타이난 공원
台南公園
적감루
赤崁樓
대천후궁
大天后宮
타이난 기차역
台南火車站
정흥 거리
正興街
하야시 백화점
HAYASHI
타이난 공자묘
台南孔子廟
란사이투 문화 창의 단지
藍晒圖文創園區

타이난 교통

가는 법 타이베이, 가오슝→ 타이난

❖ 고속철

- 타이베이 기차역에서 타이난 고속철도역까지 매시간 2~3편 운행하며 소요 시간은 편명에 따라 1시간 45분~2시간 정도 소요된다. 요금은 일반석 NT$ 1,350, 비즈니스석 NT$ 2,230이다.
- 가오슝 쥐잉역에서 타이난 고속철도역까지 약 12분 정도 소요되며, 요금은 일반석 NT$ 140, 비즈니스석 NT$ 410이다.

※타이난 고속철도역은 시내에서 조금 떨어져 있다. 타이난 기차역으로 이동하려면 고속철도역과 연결돼 있는 샤룬沙崙역에서 기차를 타고 가면 된다. 1시간에 2, 3편 운행하며 타이난 기차역까지 약 25분 정도 소요된다. 요금은 NT$25이다.

❖ 기차

- 타이베이 기차역에서 타이난 기차역台南역까지 매시간 1~2편 운행한다. 약 4시간 30분 소요되며 요금은 NT$ 738(즈치앙하오自強 기준)이다.
- 가오슝 기차역에서 타이난 기차역까지 매시간 3~5편 운행하며 약 1시간 소요된다. 요금은 NT$ 68이다.

타이난기차역

시내 교통

❖ T-BIKE

타이난 시내 곳곳에서 쉽게 대여할 수 있는 공공 자전거로 타이난을 여행하는데 새롭게 인기를 얻고 있는 교통수단이다. 아이패스 및 신용카드로 결제 가능하며 기본 30분에 NT$ 10이며 이후 매 30분마다 NT$ 10이 추가 된다.

사용 방법

교통카드(아이패스, 이지카드) 사용 시

1 대여 기계에서 인증 후 회원 가입을 한다.
2 원하는 자전거를 고른 후 중간에 위치한 번호를 선택하는 모니터에 가서 교통카드를 올려놓는다.
3 화살표로 원하는 자전거의 번호로 이동 후 OK 버튼을 누른다.
4 선택한 자전거에서 빨간색 버튼을 누른다.
 * 아이패스에는 NT$ 100 이상 있어야 대여가 가능하다.

신용카드 사용 시

1 대여를 원하는 자전거를 고른 후 대여 기계에 신용카드를 넣고 모니터에서 '信用卡租/還車'를 선택
2 '借車'를 터치
3 이후 '確認'를 연속으로 선택
4 신용카드 번호 / 유효 기간 / CVC 번호 입력 후 '確認'을 선택
5 대여를 원하는 자전거의 번호를 선택 후 자전거로 이동해서 빨간색 버튼 선택

※ 대여 시 보증금 NT$ 300이 결제
※ 아이패스로 대여 시 인증 번호를 받을 수 있는 현지 연락처가 필요하기 때문에 현지 유심이 없을 경우 신용카드로만 이용 가능
※ 안드로이드 플레이 스토어 혹은 앱 스토어에서 T-BIKE로 검색 후 앱을 다운로드한 후 앱에 들어가서 '站點搜索'를 클릭하면 대여 장소의 대여 가능한 저전거 수량 및 반납 가능한 공간 확인 가능. '站點地圖'를 클릭하면 대여 장소 확인 가능. '可借'은 대여 가능한 자전거 수량, '可停'은 반납 가능한 공간을 뜻함

반납하기

아이패스 사용 시

1 자전거를 빈 곳에 주차한다.
2 대여 시 교통카드를 올렸던 곳에 교통카드를 다시 올려놓으면 요금이 정산된다.

신용카드 사용 시

1 자전거를 빈 곳에 주차한다.
2 신용카드를 넣었던 모니터로 가서 '信用卡租/還車'를 선택 후 '還車'를 터치하면 요금이 정산된다.
 ※ 보증금 환급 때문에 꼭 요금 정산을 확인하는 것이 좋다.

❖ 전동 스쿠터

일반 스쿠터보다는 느리지만 효율적으로 타이난 시내와 안평 지역까지 편하게 둘러 볼 수 있다. 타이난 기차역 주변의 렌탈숍에서 대여 가능하며 가격은 평균 당일 NT$ 300, 24시간 NT$ 400 정도다. 보증금은 없으며 대여 시 여권 정보가 필요하니 여권 앞면을 사진으로 찍어서 가는 것이 좋다. 다만 사고를 대비해 간단한 중국어를 할 줄 알아야만 대여가 가능하다(영어는 불가능).

싱리팡行李房(물품 보관소)

타이난 기차역을 등지고 오른쪽으로 가면 짐을 보관할 수 있는 싱리팡이 나온다. 요금은 수량에 따라 부과되며 크기에 따라 최대 NT$ 80에 하루 동안 보관이 가능하다.

이용 가능 시간 7:30~20:00

택시

가장 쉽고 편리한 방법이다. 기본 요금은 NT$ 85으로 이후 NT$ 5씩 추가 된다. 시내 중심에 위치한 관광지로의 이동 시 대략 NT$ 95~120 정도의 요금이 발생하니 일행이 2명 이상이라면 택시로 이동하는 것도 나쁘지 않다 . 23:00~새벽 6:00 심야 시간에는 20% 할증이 추가된다.

❖ 버스

지하철이 없는 타이난에서 현지인들이 가장 많이 이용하는 대중교통이다. 일반 버스 노선은 여행객들에게는 배차 간격도 길고 언어적인 문제로 이용하는 일이 매우 적다.

타이완 호행 버스 88번, 99번

타이난을 방문하는 관광객들이 가장 많이 이용하는 버스로 타이난의 주요 관광지를 도는 순환 버스다. 88번은 타이난 주요 시내 관광지를 순환하고, 99번은 안핑 지역과 사초녹색수도, 근교 지역인 칠고염산까지 운행한다. 배차 간격은 30분~1시간으로 타이난 기차역 인포메이션 센터에서 88, 99번 버스 안내 책자를 확인하고 다니자.

요금 공통 NT$ 18(이지카드, 아이패스 가능) / 1일권 NT$ 80(88, 99번 버스 모두 이용 가능)
홈페이지 HYPERLINK "www.taiwantrip.com.tw" www.taiwantrip.com.tw (한국어 지원)

※정류장에 투어 버스 도착 시간 확인은 구글 플레이 혹은 앱 스토어에서 Tainan city bus 앱 다운 후 영어로 설정 변경, E-bus를 클릭 후 88 / 99를 클릭하면 버스의 위치 및 도착 시간을 확인할 수 있다.

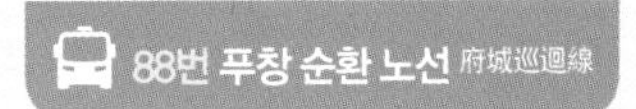

순환 노선
타이난 기차역(남역) 台南火車站(南站)
공자묘 孔廟
적감루 赤嵌樓
정씨가묘 鄭氏家廟
적감루 赤嵌樓
시먼 西門
샤오시먼(다이리즈) 小西門(大億麗緻)
용화 정류장 永華站
중정하이안루 길목 中正海安路口
신농가 神農街
리런 초등학교 立人國小
궁위안베이루 公園北路
타이난 공원 台南公園
청궁루 成功路
타이난 기차역(남역) 台南火車站(南站)

운행 9:00~18:00(1시간 간격, 월~금), 8:30~19:00(30분 간격, 토~일 및 공휴일) **홈페이지** taiwantrip.com.tw(한국어 지원)

99번 안핑 타이장 노선 台江線

가는 길	오는 길
타이난 환승역 臺南轉運站	치구 소금산 七股鹽山
타이난 기차역(남역) 台南火車站(南站)	타이완 소금 박물관 台灣鹽博物館
연평군왕사 延平郡王祠	룽산춘 龍山村
공묘 孔廟	셩무먀오 聖母廟
린바이훠/정성공조묘 林百貨/鄭成功祖廟	루얼먼 다리 鹿耳門橋
츠칸러우 赤嵌樓	쓰차오 야생동물 보호구 四草野生動物保護區
중정상취안 中正商圈	쓰차오셩숭문화원구(다중먀오) 四草生態文化園區(大眾廟)
억재금성 億載金城	타이장궈지아공위안 관리소 台江國家公園管理處
원주민 문화회관 原住民文化會館	노을 전망대 觀夕平台
옌핑제 延平街	다위안황찬지아르 호텔 大員皇冠假日酒店
안핑커후이야오 문화관安平蚵灰窯文化館	덕기양행/안핑슈우 德記洋行/安平樹屋
안핑구바오 安平古堡	안핑구바오 安平古堡
덕기양행/안핑슈우 德記洋行/安平樹屋	옌핑제 延平街
다위안황찬지아르 호텔 大員皇冠假日酒店	원주민 문화회관 原住民文化會館
노을 전망대 觀夕平台	억재금성 億載金城
타이장궈지아공위안 관리소 台江國家公園管理處	중정상취안 中正商圈
쓰차오셩숭문화원구(다중먀오) 四草生態文化園區(大眾廟)	츠칸러우 赤嵌樓
쓰차오 야생동물 보호구 四草野生動物保護區	린바이훠/정성공조묘 林百貨/鄭成功祖廟
루얼먼 다리 鹿耳門橋	공묘 孔廟
셩무먀오 聖母廟	연평군왕사 延平郡王祠
룽산춘 龍山村	타이난 기차역(남역) 台南火車站(南站)
타이완 소금 박물관 台灣鹽博物館	타이난 환승역 臺南轉運站
치구 소금산 七股鹽山	
주말에는 차량에 따라 정차하지 않음	

운행 8:48, 10:48, 13:48(월~금/ 타이난 기차역 기준), 8:48~17:18(30분 간격, 토~일 및 공휴일/ 타이난 기차역 기준)

頭

역사가 살아 숨 쉬는

타이난 시내

台南市區

타이난 시내에는 적감루, 공자묘와 같이 오래된 고적들과 함께 란사이투 문화 창의 단지, 신농가, 영락 시장, 도소월 등 타이난 도시의 특색이 잘 반영된 문화단지와 미식 등 다양한 관광요소들이 한데 모여 있어 하루 일정이면 주요 관광지를 둘러 볼 수 있다. 관광지 간의 거리가 멀지 않기 때문에 사전에 동선과 이동 거리에 따라 어떤 교통수단을 이용하는 것이 더욱 효율적인지 미리 체크하는 것이 좋다. 시내만 둘러볼 계획이라면 도보나 T-BIKE로 천천히 이동하며 타이난의 매력을 느껴보는 것을 추천한다.

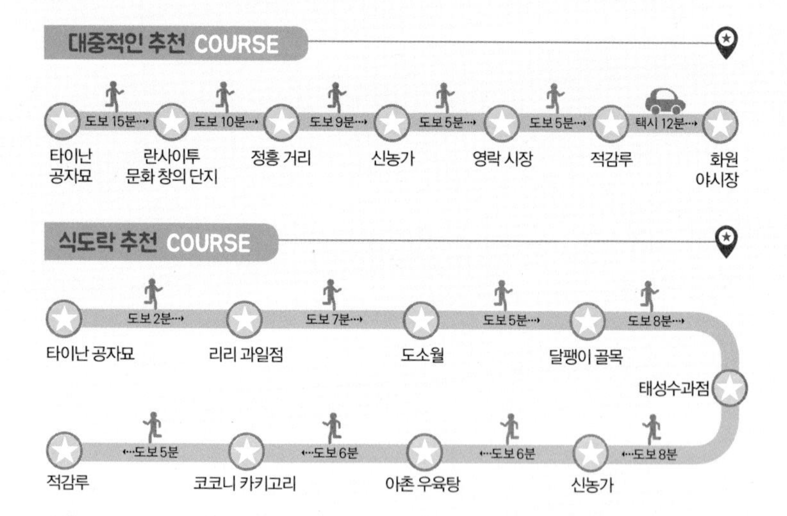

TIP

시내 관광 명소는 대부분 도보로 이동이 가능하다. 하지만 햇살이 뜨겁고 계속 걷다 보면 쉽게 지치게 된다. 88, 99번 혹은 시티 투어 버스를 이용할 경우 사전에 버스 스케줄을 잘 확인하고 탑승하는 것이 좋다. 각 정류장 버스 도착 시간 확인은 구글 플레이 혹은 앱 스토어에서 Tainan city bus 앱 다운 후 영어로 설정 변경, E-bus를 클릭 후 버스 노선을 클릭 하면 확인 가능하다. 공공 자전거인 T-BIKE는 시내를 둘러보기에 좋으며 비용 또한 저렴하다. 교통카드(이지카드, 아이패스)를 이용할 경우 인증 번호 확인을 위한 현지 유심이 필요하니 유심을 구입하지 않을 계획이라면 신용카드(Visa, Master)를 꼭 챙겨 가자.

타이난 시내

화원 야시장 花園夜市
321 예술 특구 321藝術特區
타이난 공원 台南公園
중푸인 Chung Fu Inn
금득춘권 金得春捲
복성호완과 富盛號碗粿
아송할포 阿松割包
영락 시장 永樂市場
신농가 神農街
코코니 카페 kokoni café
대사형수공단권 大師兄手工蛋捲
대천후궁 大天后宮
적감루 赤崁樓
타이난 문화 창의 상업 원구 台南文化創意產業園區
호텔 다이너스티 HOTEL DYNASTY
타이난 시티투어 버스 정류장
타이난 기차역 여행자 정보 센
88번,99번 버스 정류장
타이난 기차역 台南火車站
아촌우육탕 阿村牛肉湯
사전무묘 祀典武廟
달야빈가어장 達也濱家漁場
흑공호눈선초 黑工號嫩仙草
의풍아천동과차 義豐阿川冬瓜茶
무명두화 無名豆花
정흥 거리 正興街
정흥 거리 正興街
태성수과점 泰成水果店
권마가감미처산보첨식 蜷尾家甘味处散步甜食
원타이난측후소 原台南測候所
제이제이 더블유 호텔 Jia–Jia at West market Hotel
달팽이 골목 Snail Street
적감관재반 赤嵌棺材
도소월 度小月
국립 타이난 문학관 國立台灣文學館
하야시 백화점 HAYASHI
량천지스 良辰吉时
창위 호텔 長悅旅棧
타이난 공자묘 台南孔子廟
부중가 府中街
착문가배 窄門咖啡
복기육원 福記肉圓
리리과일점 莉莉水果店
타이 랜디스 호텔 타이난 Tayih Landis Hotel Tainan
실크 플레이스 타이난 台南晶英酒店
연평군왕사 延平郡王祠
란사이투 문화 창의 단지 藍晒圖文創園區

타이난에서 가장 오래된 고적

적감루 赤崁樓 [츠칸러우]

주소 台南中西區民族路2段212號 **위치** 88번 혹은 99번 버스 타고 츠칸러우(赤崁樓) 정류장 하차 **시간** 8:30~21:30 **요금** NT$ 50 **전화** 06-220-5647

타이난에서 가장 오래된 고적이자 상징적인 적감루는 1653년 네덜란드인이 지은 요새였으며 이후 정성공이 네덜란드인들을 타이난에서 몰아내고 이곳을 사령부로 사용했다. 300년이 넘는 오랜 기간 동안 전쟁과 지진으로 일부 훼손됐지만 사람들의 노력으로 현재의 모습을 유지할 수 있게 됐다. 성 내에는 해신묘와 문창각에서 정성공과 적감루에 관련된 역사를 둘러볼 수 있으며 고즈넉한 정원에서는 거북이가 올려진 9개의 비석과 네덜란드인이 항복하는 동상을 볼 수 있다.

상업의 신 관우를 모시는 사당

사전무묘 祀典武廟 [쓰디엔우먀오]

주소 台南市中西區永福路2段229號 **위치** 적감루(赤崁樓)에서 도보 2분 **시간** 6:00~20:45 **전화** 06-220-2390

삼국지 촉나라 장군 관우를 모시는 사당이다. 17세기에 지어져 벌써 300년이 넘는 역사를 가지고 있는데, 오랜 시간이 무색하게 사당은 옛 모습 그대로 잘 보존돼 있다. 관우와 함께 관우의 아버지부터 증조할아버지까지 함께 모셔져 있는 것이 특징이다. 흔히 관우는 삼국지에서 용맹의 상징인 무신으로 알려져 있지만 민간 신앙에서는 상업의 신으로도 불려 시민들이 사당을 찾아 부를 기원하기도 한다.

대만에서 처음 마조 신을 모신 곳

대천후궁 大天后宮 [다티엔허우궁]

주소 台南市中西區永福路2段227巷18號 **위치** 적감루(赤崁樓)에서 도보 2분 **시간** 5:30~21:00 **홈페이지** tainanmazu.org.tw **전화** 06-221-1178

바다의 신으로 불리는 '마조媽祖'는 대만 전역에서 쉽게 볼 수 있을 정도로 대만 사람들이 가장 사랑하는 신으로, 대천후궁은 대만에서 처음으로 마조 신을 모신 곳이다. 1683년에 지어진 사당에는 마조와 함께 월하노인을 모시고 있는데 인연을 찾거나 결혼을 하려는 미혼 남녀들이 이 월화노인을 보기 위해 많이 방문한다. 또한 매년 음력 3월 23일 마주신 탄생일에는 사당 주변에 큰 행사가 열려 타이난 사람들뿐만 아니라 전국에서 이 행사를 보기 위해 수많은 인파가 이곳을 찾는다.

더위를 시원하게 날려주는 달콤한 동과차

의풍아천동과차 義豐阿川冬瓜茶 [이펑아촨동과차]

주소 台南市中西區永福路2段192號 **위치** 88, 99번 버스 타고 츠칸러우(赤崁樓) 정류장에서 하차 후 건너편 골목으로 들어가 왼쪽 **시간** 8:00~22:00 **가격** NT$ 10~ **홈페이지** www.yi-feng.com.tw **전화** 06-259-5957

대만 현지 TV 매체에 수도 없이 소개된 타이난의 오래된 가게다. 이곳의 사장님은 벌써 90세를 넘겼는데 14살부터 70년이 넘게 한 가지 방법만을 고집해 맛을 유지해 오고 있다. 오리지널 동과차 이외에도 레몬柠檬, 타피오카珍珠가 들어간 동과차 같은 음료뿐만 아니라 집에서 직접 동과차를 만들 수 있는 동과액冬瓜露도 함께 판매하고 있다. 음료에 들어가는 당은 딱 알맞게 조절해서 판매하고 있는데 시원하고 달콤한 동과차 한잔 마시면 갈증을 해소해 줄 뿐만 아니라 소화에도 도움을 준다.

부드럽게 넘어가는 더우화

무명두화 無名豆花 [우밍더우화]

주소 台南市中西區永福路2段184號 **위치** 적감루(赤崁樓)에서 도보 3분 **시간** 11:00~21:00 **휴무** 화요일 **가격** NT$ 25(일반 더우화), NT$ 30(타피오카[珍珠], 레몬 [珍珠] 더우화) **전화** 06-223-9156

이곳은 안평 더우화만큼 유명하진 않지만 타이난에서 70년이 넘게 더우화를 판매하고 있는 오래된 곳이다. 입구에는 예전 더우화를 팔던 옛 자전거가 놓여져 있고 안으로 들어가면 꽤 넓은 실내 공간이 나온다. 입구 옆에서 주문하면 바로 더우화를 담아 주는데, 너무 달지 않아 남녀노소 호불호 없이 즐길 수 있다. 일반 더우화 이외에도 색다른 더우화를 맛보고 싶다면 쫀득한 타피오카를 토핑으로 올린 전주 더우화, 상큼한 맛이 매력인 레몬 더우화를 주문해 보자.

타이난의 건강한 디저트

흑공호눈선초 黑工號嫩仙草 [헤이궁하오넌시엔차오]

주소 台南市中西區永福路2段199號 **위치** 적감루(赤崁樓)에서 도보 4분 **시간** 11:30~21:00 **휴무** 수요일 **가격** NT$ 45~ **전화** 06-200-3970

대만의 전통 간식이자 타이난에 방문하면 꼭 먹어 봐야 하는 디저트 중 하나인 넌시엔차오를 맛볼 수 있는 곳이다. 넌시엔차오는 신선초를 젤리 형식으로 만든 간식으로, 우리나라 묵과 비슷한 식감을 느낄 수 있다. 기본적으로 넌시엔차오와 함께 타피오카, 토란, 녹두, 파인애플 등 여러 가지 토핑을 선택할 수 있으며 토핑과 함께 담겨져 나온 넌시엔차오는 다른 달콤한 디저트에 비하면 심심하게 느껴지지만 고소하면서 다양한 식감을 한번에 즐길 수 있어 색다른 재미를 느낄 수 있다.

입안에 들어가면 사르르 녹는 에그롤

대사형수공단권 大師兄手工蛋捲 [다스숑셔우궁단쥐안]

주소 台南市中西區赤嵌街7號 **위치** 적감루(赤崁樓)에서 도보 3분 **시간** 10:00~21:00 **가격** NT$ 210(15개입), NT$ 395(25개입) **홈페이지** www.facebook.com/DSSeggrolls **전화** 06-222-1150

적감루 옆에 위치한 대사형수공단권은 수제 에그롤 전문점으로, 매일 선선한 재료로 당일 직접 에그롤을 만들어서 판매하고 있다. 대만에서 처음으로 커스터드 에그롤을 선보인 곳이며 다른 곳보다 크기도 두 배 정도 크다. 달걀과 함께 첨가되는 재료들 본연의 맛을 살리기 위해 물을 넣지 않고 만들어서 막 구워져 나온 에그롤을 한입 맛보면 입안에 향긋함이 퍼지면서 촉촉한 에그롤이 사르르 녹아 넘어간다. 타이난의 명물인 사바하를 넣어 만든 사바하 에그롤, 한국에서 직접 공수해 와서 만든 김 에그롤 등 맛도 다양해서 선물용으로도 좋다.

여성들에게 인기 있는 카페

코코니 카페 Kokoni Café

주소 台南市中西區西門路2段372巷23號 **위치** 적감루(赤崁樓)에서 도보 7분 **시간** 11:30~19:00 **홈페이지** www.facebook.com/kokoni-kakigori-946796165457090 **전화** 06-221-5055

타이난에서 오래된 ICI 카페의 2호점. 일본어로 코코니는 '여기' 또는 '이곳'을 뜻한다. 오래된 2층 건축물을 그대로 보존하고 있으며, 내부로 들어가면 심플한 유럽 스타일로 인테리어 해서 모던하고 클래식한 분위기를 동시에 느낄 수 있다. 1층에서는 일본 가정식을 맛볼 수 있으며 일본과 대만식 퓨전 빙수도 함께 판매하고 있는데 키위, 포도, 레몬, 싱싱한 과일과 빙질이 좋은 얼음을 사용해 나온 빙수는 맛뿐만 아니라 비주얼도 뛰어나 여성들에게 인기가 많다. 대만 남부의 뜨거운 햇살에 지친 몸을 새콤달콤한 빙수로 달래 어느새 더위를 잊게 해준다.

타이난의 대표 미식 거리

영락 시장 永樂市場 [용러스창]

주소 台南市中西區國華街3段183號 **위치** 적감루(赤崁樓)를 등지고 오른쪽으로 직진(도보 5분)

짧은 시간에 다양한 샤오츠를 먹어 보고 싶다면 융러 시장에 가보자. 타이난식 현지 음식들이 즐비한 영락 시장은 그야말로 먹거리 천국. 영락 시장의 미식 거리는 대만에서도 최고의 인지도를 자랑하기 때문에 타이난을 찾는 대만 사람들은 물론 외국 관광객들도 꼭 방문하는 필수 코스다. 각종 매스컴에 소개된 식당, 40년이 넘은 역사를 간직한 오래된 식당들을 둘러보고 있으면 무엇을 먹을지 행복한 고민에 빠지게 된다.

스페셜 가이드

★ 영락 시장 ★

금득춘권 金得春捲 [진더춘쥐안]

주소 台南市中西區民族路3段19號 **위치** 영락 시장 입구 **시간** 7:30~17:30 **가격** NT$ 40 **홈페이지** www.kintoku.com **전화** 06-228-5397

타이난의 미식 거리로 알려진 궈화제에 금득춘권은 복성호완과, 아송할포와 함께 3대 맛집 중 한 곳으로 손꼽히는 곳이다. 얇은 밀전병에 고기와 양배추, 건두부, 달걀 등 여러 가지 신선한 재료로 속을 채워 기름에 튀기지 않고 살짝 구워 주는 춘권은 저렴한 가격으로 든든하게 배를 채울 수 있다.

복성호완과 富盛號碗粿 [푸성하오완궈]

주소 台南市北區西門路2段333巷8號 **위치** 영락 시장 안 **시간** 7:00~17:30 **가격** NT$ 35 **전화** 06-227-4101

1947년에 오픈해 벌써 70년이 넘는 역사를 지닌 가게로 완궈碗粿(대만식 쌀푸딩)와 위겅(대만식 어묵) 두 가지 메뉴만 판매한다. 항상 품질이 좋은 재래 쌀米과 건강한 돼지 뒷다리, 오향 돼지고기, 싱싱한 자연산 새우를 이 집만의 특제 소스와 함께 사용해 만든 메뉴는 진한 간장색을 띠어 비주얼은 별로지만 식감이 뛰어나고 한입 먹으면 입에서 부드럽게 녹아 넘어가 깜짝 놀라게 된다.

아송할포 阿松割包 [아숭거바오]

주소 台南市中西區國華街3段181號 **위치** 영락 시장 안 **시간** 8:00~18:00 **휴무** 화요일 **가격** NT$ 60(일반 만두[普通包]), NT$ 70(살코기 만두[瘦肉包]), NT$ 80(돼지고기 혀 만두[豬舌包]) **전화** 06-211-0453

두툼한 호빵에 절인 배추와 돼지고기를 당귀當歸 , 홍자오紅糟 등 10여 종의 한약재로 수육을 만들어 속을 채운 모습이 마치 햄버거를 연상 시키는 아숭거바오는 타이난에서 지나쳐선 안될 별미 간식으로 통한다. 일반 만두普通包, 살코기 만두瘦肉包, 돼지고기 혀 만두豬舌包 가 대표 적인 메뉴로 , 돼지고기 혀 만두는 식감 때문에 여행자들에게는 호불호가 갈릴 수 있다.

타이난에서 꼭 맛봐야 하는 우육탕

아촌 우육탕 阿村牛肉湯 [아춘니우러우탕]

주소 台南市中西區國華街3段128號 **위치** 타이난 기차역에서 5, 18번 버스 타고 시먼민취안루커우(西門民權路口) 정류장에서 하차 후 도보 5분 **시간** 새벽 4:00~12:00(판매 완료 시 영업 종료) **휴무** 월요일 저녁, 화요일 아침 **가격** NT$100(소), NT$150(중), NT$200(대) **전화** 02-222-9446

간판 없이 노점으로 시작해 지금은 현지인들에게 사랑받는 식당이다. 지금까지 3대가 계속 영업하고 있어 손님들 역시 오래된 옛 단골 손님부터 젊은이들까지 이곳에서 찾는다. 40년 간 오로지 대만 소고기만을 사용해 오고 있으며 탕은 사골에 양파와 다양한 야채를 함께 푹 끓여 시원하면서도 담백하다. 우육탕을 주문하면 그릇에 따뜻한 탕을 담은 후 생 소고기를 올려 주기 때문에 신선한 우육탕을 맛볼 수 있다.

아침부터 즐기는 싱싱한 초밥

달야빈가어장 達也濱家漁場 [다예빈지아위창]

주소 台南市中西區民權路三段78號 **위치** 아촌 우육탕에서 도보 1분 **시간** 9:00~14:00(화~금), 9:00~19:00(토, 일) **휴무** 월요일 **가격** NT$ 250(쟈오파이 즈샤오[招牌炙燒]) **전화** 06-222-6623

영락 시장과 함께 타이난의 대표 미식 거리인 수선궁 시장 입구에 위치한 달야빈가어장은 일본식 포장마차 느낌이 물씬 풍기는 식당이다. 가볍게 초밥과 싱싱한 회를 즐기려는 사람들에게 인기가 많다. 아침에 오픈 하자마자 사람들이 기다릴 정도로 최근 로컬 맛집으로 떠오르고 있는데 연어와 장어로 만든 초밥을 불로 그을린 쟈오파이 즈샤오招牌炙燒가 인기 메뉴며 다양한 초밥 이외에도 싱싱한 회, 샐러드도 준비돼 있다.

옛 타이난의 모습이 잘 간직된 곳

신농가 神農街 [선농제]

주소 台南市神農街 **위치** 88번 버스 타고 신농가(神農街) 정류장에서 하차 **시간** 11:00~24:00(상점마다 다름)

예전에 베이스제北勢街로 불렸던 신농가는 항구와 가까워 상인들의 왕래가 잦던 곳으로 차, 사탕, 잡화 등을 판매하는 타이난 상업의 중심지였다. 무엇보다 지금 타이난시에서 가장 완벽히 옛 모습을 보존하고 있는데 100년이 넘은 가게도 쉽게 찾아볼 수 있을 정도다. 좁은 길목을 따라 걷다 보면 타임머신을 타고 여행하는 듯한 기분이 든다. 최근 들어 젊은 예술가들이 이런 분위기에 반해 신농가 작업실과 화랑을 오픈하면서 전통과 예술, 과거와 현재가 함께 공존하는 공간으로 바뀌었다.

대만 최초의 기후 관측소

원타이난측후소 原台南測候所 [위안타이난처허우쉬]

주소 台南市中西區公園路21號 **위치** 국립 타이완 문학관(國立台灣文學館)에서 도보 3분 **시간** 9:00~17:00
전화 06-345-9218

일제 시대에 지어진 대만 최초의 기후 관측소로, 2003년 국가 고적으로 지정돼 있다. 대만 기후 관측의 기원과 같은 이곳은 현재 기상 박물관으로 시민들에게 개방됐으며 내부로 들어가면 각종 지진 관측 장비는 물론 기후 관측 설비와 예전 이곳에서 일하던 모습을 그대로 재현해 놓았다. 매년 3월이 되면 문학관 앞으로 만개하는 장밋빛 나팔나무의 아름다운 풍경을 감상할 수 있다.

타이난 대표 야시장

화원 야시장 花園夜市 [화위안예스]

주소 台南市北區海安路3段533號 **위치** 타이난 기차역에서 0左번 버스 타고 화위안예스(花園夜市) 정류장에서 하차 **시간** 18:00~다음 날 1:00(노점마다 다름) **전화** 06-358-3867

타이난을 대표하는 야시장으로, 타이난의 밤을 즐기고 싶다면 이곳에 가 보자. 대만 관광청이 뽑은 대만 10대 야시장에서 최우수 야시장으로 뽑힌 화원 야시장은 약 2,000평에 달하는 주차장 옆으로 목요일과 주말에만 만나 볼 수 있다. 타이난 제1의 야시장답게 약 400여 개의 상점이 질서 정연하게 줄을 지어 각종 대만 전통 먹거리는 물론, 파스타, 샤부샤부, 한국식 치킨 등 전 세계 음식을 판매하고 있다 음식 이외에도 패션 잡화, 인형 뽑기 같은 오락도 즐길 수 있어 연인의 데이트 장소로도 인기가 많다.

타이난 문학의 소중한 자료들을 만나 볼 수 있는 곳

국립 타이완 문학관 國立台灣文學館 [궈리타이완원쉐관]

주소 台南市中西區中正路1號 **위치** 88, 99번 버스 타고 쿵즈먀오(孔子廟) 정류장에서 하차 후 난먼루(南門路) 따라 탕더장지니엔궁위안(湯德章紀念公園) 쪽으로 올라가면 왼쪽(도보 5분) **시간** 9:00~18:00 **휴무** 월요일, 신정 **홈페이지** www.nmtl.gov.tw **전화** 06-221-7201

1916년에 준공돼 100년이 넘는 역사를 간직하고 있는 문학관이다. 일제 시대 대만 정부 기관으로 사용됐다가 이후 대만 문학 자료를 전시하는 문학관으로 변모했다. 유럽 건축 양식의 입구를 통해 내부로 들어가면 대만 소수 민족들의 구전 문학부터, 일제 시대 향토 문학, 1980년대 부흥했던 여성 문학 등 대만 문학에 있어 매우 가치가 높은 자료들을 전시되어 있다. 전시 이외에도 꾸준히 문학 관련 교육도 진행하고 있어 시민들에게 큰 환영을 받고 있다.

타이난 대표 요리 단자이미엔의 원조

도소월 度小月 [두샤오웨]

주소 台南市中西區中正路16號 **위치** 국립 타이완 문학관(國立台灣文學館)에서 도보 2분 **시간** 11:00~21:30 **가격** NT$ 50~ **홈페이지** www.noodle1895.com **전화** 06-223-1744

대만의 대표 면 요리인 단자이미엔의擔仔麵 본점이다. 어부들이 매년 8~9월이면 태풍으로 인해 어쩔 수 없이 궁핍한 생활을 해오다가 복건성에서 넘어온 고향 사람에게 면 요리법을 배워 만든 게 바로 단자이미엔이다. 가게 안으로 들어가면 주방장이 직접 요리를 하는 모습을 볼 수 있도록 오픈 키친이 마련돼 있다. 9시간에 걸쳐 끓인 새우 육수에 새우와 다진 고기를 고명으로 올려 나오는 단자이미엔은 생각보다 양이 많지 않아 부족할 수 있으니 루러우판滷肉飯과 함께 하나씩 먹어보자.

시내에서 가장 오래된 백화점

하야시 백화점 HAYASHI

주소 台南市中西區忠義路2段63號 **위치** 타이난 기차역에서 1, 7번 버스 타고 린바이훠(林百貨) 정류장에서 하차 **시간** 11:00~22:00 **홈페이지** www.hayashi.com.tw **전화** 06-221-3000

1932년 일제 시대에 지어질 당시 대만에서 두 번째로 지어진 백화점이자 타이난에서 제일 큰 백화점이었던 하야시 백화점은 지금까지 80년의 역사를 고스란히 간직한 국가 고적이다. 당시 5층 높이는 타이난에서 가장 높은 건축물이었으며 대만 최초로 건물 내에 엘리베이터가 설치됐었다. 이후 태평양 전쟁 중 건물 일부가 파손됐지만 보수 작업을 거쳐 2014년 6월에 백화점으로 새롭게 개장했다.

시민들이 사랑하는 공자 사당

타이난 공자묘 台南孔子廟 [타이난 쿵즈먀오]

주소 台南市中西區南門路2號 **위치** 88, 99번 버스 타고 쿵즈먀오(孔子廟) 정류장에서 하차 **시간** 8:30~17:30 **휴뮤** 월요일 **요금** NT$25 **전화** 06-221-4647

대만에서 가장 오래된 공자 사당으로 1665년에 지어진 후 현재는 국가 1급 고적으로 지정됐다. 사당 안에는 '좌학우묘左学右庙'라는 대만 공묘의 전통 방식으로 지어진 총 15개의 건축물이 있는데 수차례 보수 공사를 거쳐 지금의 모습을 간직하고 있다. 매년 9월 28일 공자 탄신일에는 수많은 학부모가 이곳을 찾으며 대성전 앞에서 공자와 제자 및 현인들을 모시고 성대한 제사 의식을 행한다.

예쁜 카페와 상점들이 모여 있는 거리

부중가 府中街 [푸중제]

주소 台南市中西區府中街 위치 88, 99번 버스 타고 쿵즈먀오(孔子廟) 정류장에서 하차

공자묘 건너편에 위치한 부중가는 천천히 산책하기 좋은 골목길로, 오래된 주택가 사이에 있는 짧은 길을 따라 아기자기하고 예쁜 카페와 상점들 그리고 타이난 전통 먹거리 등을 판매하는 상점들이 중심가를 따라 옹기종기 모여 있다. 다른 보행가步行街[부싱제]에 비해 거리가 짧지만 복고 느낌이 물씬 나기 때문에 어르신들도 자주 찾으며 주말이면 젊은 이들의 데이트 장소로도 인기가 많다.

독특한 분위기의 카페

착문가배 窄門咖啡 [자이먼카페]

주소 台南市中西區南門路67號 위치 타이난 공자묘(台南孔子廟) 건너편 시간 11:00~20:30(월~금), 10:30~22:00(토, 일) 홈페이지 cafe-4807.business.site 전화 06-211-0508

공자묘 건너편 거리를 걷다 보면 독특한 이름의 카페가 눈에 들어온다. 이름처럼 좁은 통로를 통해 올라가야만 만날 수 있는 착문가배는 2층으로 올라가기 위해 폭 34cm의 통로를 지나야만 한다. 어렵게 좁은 길을 지나 카페 안으로 들어서면 고풍스러우면서 빈티지스러운 분위기의 낭만적인 실내가 또 한 번 놀라움을 안겨 준다. 커피는 물론 티베트 전통 음료와 간단한 식사도 할 수 있어 여유롭게 창가 쪽에 앉아 즐겨 보자.

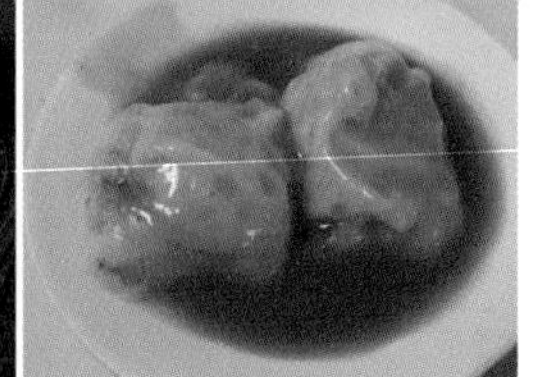

대만식 미트볼을 판매하는 식당

복기육원 福記肉圓 [푸지러우위안]

주소 台南市中西區府前路1段215號 **위치** 타이난 공자묘(台南孔子廟)에서 도보 3분 **시간** 6:30~18:30 **가격** NT$ 40 **전화** 06-215-7157

30년의 역사를 지닌 타이난에서 유명한 간식거리 샤오츠. 원래 대만 북부 지방 샤오츠인 대만식 미트볼 러우위완을 남부 지방식으로 새롭게 조리한 것이 특징이다. 재래 쌀*을 풀어 피로 만들고 속을 특제 양념에 재운 돼지고기 뒷다리 살로 채운 후 두 시간 정도 쪄서 나온 러우위안은 부드러우면서도 쫄깃하다. 테이블에 달콤하면서 살짝 매콤한 특제 소스가 놓여 있는데 함께 뿌려 먹으면 더욱 맛있다.

신선한 제철 과일 빙수를 만나보자

리리 과일점 莉莉水果店 [리리수이궈디엔]

주소 台南市中西區府前路1段199號 **위치** 타이난 공자묘(台南孔子廟)에서 도보 3분 **시간** 11:00~23:00 **휴무** 월요일 **가격** NT$ 50~ **홈페이지** www.lilyfruit.com.tw **전화** 06-213-7522

1947년부터 줄곧 한 자리에서 다양한 과일과 빙수를 판매하고 있는 리리 과일점은 현지인들도 추천하는 곳이다. 시대의 변화에 따라 과일의 여러 종류를 판매했는데 그동안 판매했던 과일로 만든 메뉴가 무려 100여 종에 달할 정도라고 한다. 오랜 시간 만큼 유독 나이 드신 어르신들 단골 고객도 많으며, 젊은이들의 입맛에 맞춘 새로운 메뉴도 선보이기 때문에 현지인들에게 많은 사랑을 받고 있다. 입안에서 사르르 녹는 얼음과 신선한 제철 과일이 올라간 빙수는 배도 든든하게 채워 줄 뿐만 아니라 더위도 순식간에 날려준다.

영웅 정성공을 모시는 곳

연평군왕사 延平郡王祠 [옌핑쥔왕츠]

주소 台南市中西區開山路152號 **위치** 99번 버스를 타고 옌핑쥔왕츠(延平郡王祠) 정류장에서 하차 **시간** 8:30~17:30 **요금** NT$50 **전화** 06-213-5518

타이난 사람들이 공자묘와 함께 가장 사랑하는 사당으로, 예전 네덜란드를 타이난에서 몰아낸 영웅 정성공을 모시는 곳이다. 1662년 예전 푸저우식福州式 건축 양식을 따라 지어진 연평군왕사는 오랜 시간을 거쳐 현재 중국 북방식으로 모습이 바뀌었다. 사당 입구에 들어서면 정성공 동상이 웅장한 자태를 뽐내며 눈길을 사로 잡고, 중국식 정원을 지나면 나오는 문물관에서는 정성공과 관련된 자료들이 전시돼 있다.

타이난의 대표 간식 관차이판의 원조 식당

적감관재반 赤嵌棺材板 [츠칸관차이반]

주소 台南市中西區康樂市場卡里巴內180號 **위치** 99번 버스 타고 중정상취안(中正商圈) 정류장에서 하차 후 건너편 샤카리바(沙卡里巴) 골목 안 **시간** 11:00~21:00 **가격** NT$ 60(전통 관차이반[正老牌棺材板]) **홈페이지** www.guan-tsai-ban.com.tw **전화** 06-224-0014

관차이棺材는 중국말로 관을 뜻하는데 네모난 모양의 토스트에 스튜를 넣은 모습이 관 모양과 비슷해 붙여진 이름이다. 관차이반은 타이난의 대표 간식으로 타이난 식당에서 쉽게 볼 수 있는데 이곳이 바로 원조 식당이다. 처음에는 닭 간만을 넣었지만 지금은 닭고기와 함께 오징어, 양파, 당근 등 야채를 함께 넣어 풍미가 더욱 깊어졌다. 시장 골목 안쪽에 있어 관광객들은 찾기 어려울 수 있지만 워낙 유명한 곳이라 현지인들에게 물어보면 쉽게 찾을 수 있다.

골목골목 보물 같은 상점들이 숨겨져 있는 곳

정흥 거리 正興街 [정싱제]

주소 台南市中西區正興街 **위치** 타이난 기차역에서 1번 버스 타고 시먼/여우아이제커우(西門/友愛街口) 정류장에서 하차 후 도보 2분

복고풍의 정취가 물씬 풍기는 오래된 건물들에 타이난 특색의 먹거리, 카페, 달콤한 디저트 가게들이 들어서 이색적인 분위기로 떠오르는 핫 플레이스다. 타이난 전통 맛집 분만 아니라 분위기 좋은 카페, 아기자기한 상점들이 골목골목 숨어 있어 천천히 산책하며 둘러보기 좋다. 주말이면 차 없는 거리로 변모하며 교차로 옆 치엔차오신티엔디浅草新天地에서 매주 토요일에 벼룩시장이 열린다 클래식하면서 유니크한 아이템부터 수공예 액세서리까지 나만의 기념품을 구입하기에 좋으니 주말에 간다면 꼭 방문해 보자.

스페셜 가이드 ★ 정흥 거리 ★

태성수과점 泰成水果店 [타이청수이궈디엔]

주소 台南市中西區正興街80號 **위치** 정흥 거리 안 **시간** 14:30~22:00(월~수, 금), 13:30~21:30(토, 일) **휴무** 목요일 **가격** NT$ 220~ **전화** 06-228-1794

정흥 거리에 위치한 디저트 가게로, 1935년에 문을 열어 벌써 3대가 가게를 운영하며 80년의 역사를 간직하고 있는 오래된 가게다. 가게는 원래 과일 판매점이지만 빙수로 더욱 유명하다. 대표 메뉴는 타이난산 멜론을 반절로 자른 후 중앙을 살짝 퍼낸 후 셔벗, 과일 등을 올려 주는 멜론 빙부로 최근 SNS을 통해 더욱 유명해졌다. 멜론에 올릴 토핑은 선택 가능하며 과일은 키위, 딸기, 하미과 등 계절에 맞는 싱싱한 제철 과일을 사용해 신선하면서도 달콤한 빙수를 맛볼 수 있다.

권마가감미처산보첨식

蜷尾家甘味処散步甜食 [쥐안웨이지아간추산부티엔스]

주소 台南市中西區正興街92號 **위치** 정흥 거리 안 **시간** 11:00~21:00(목~월), 11:00~19:00(수) **휴무** 화요일 **가격** NT$ 70~ **홈페이지** www.ninaogroup.com

정흥 거리의 대표 디저트 가게로, 50여 가지의 아이스크림을 판매하고 있다. 특이한 것은 아몬드, 말차, 두유, 초콜릿 등과 제철 과일 맛의 아이스크림 중 당일 한두 가지 맛만 선정해서 판매하고 있다. 그래서 어렵게 방문했어도 맛보고 싶은 아이스크림을 구경도 못할 수 있지만 실망하지 말자. 어떤 맛이라도 매일 매진될 정도로 훌륭한 맛을 자랑하기 때문이다. 당일 판매량이 매진되면 바로 문을 닫으니 일찍 방문하는 것이 좋다.

보물찾기하듯 골목을 따라 달팽이들을 찾아보자

달팽이 골목 Snail Street 蝸牛巷

주소 台南市中西區永福路二段97巷1號 **위치** 정흥 거리(正興街)에서 도보 3분 **홈페이지** www.facebook.com/snailalley

타이난에서 슬로우 라이프가 유행하면서 새롭게 조성된 거리로, 대만의 저명한 문학가 예스타오 葉石濤의 고택을 만날 수 있는 곳이다. 이 골목 이름도 그의 서적에서 따와 지어졌다. 주택가들 사이에 위치한 달팽이 골목에 들어서면 귀여운 달팽이들이 골목을 따라 천천히 안내하는 듯 눈 앞으로 쭉 뻗은 조용한 골목과 중간중간 마주하는 벽화를 보고 있으면 시간도 천천히 흐르는 기분이 들어 마치 동화 속으로 들어온 듯한 느낌을 준다.

타이난의 새로운 랜드마크로 떠오르는 곳

란사이투 문화 창의 단지 Blueprint Cultural Creative Park 藍晒圖文創園區

주소 台南市南區西門路1段689巷 **위치** 타이난 기차역에서 홍간선(紅幹線) 1, 2, 5, 18번 버스 타고 신광싼웨 신티엔디(新光三越新天地)역에서 하차 **시간** 14:00~21:00 **휴무** 화요일 **홈페이지** bcp.culture.tainan.gov.tw **전화** 06-222-7195

대만의 유명 건축가 리우궈창劉國滄이 2004년 디자인한 란사이투는 하이안루의 상징이었던 예술 작품으로, 안전상의 문제로 철거되면서 많은 사람이 아쉬워했다. 이후 타이베이의 화산1914, 송산 문창 원구와 같이 궈화제에 위치한 오래된 주택 단지에 문화 예술 단지가 들어서면서 이곳에 새롭게 설계한 란사이투가 세워졌다. 문화 창의 단지 안에는 약 23여 개의 개성 넘치는 디자인 상점과 카페, 레스토랑들이 들어서 타이난에서 가장 활기 넘치는 예술 공간으로 재 탄생했다. 밤이 되면 로맨틱한 조명들이 켜지며 낮과는 다른 분위기로 젊은이들과 연인들의 데이트 장소로 인기가 많다.

다양한 전시회가 열리는 문화 단지

타이난 문화 창의 상업 원구 台南文化創意產業園區 [타이난원화창이찬예위안취]

주소 台南市東區北門路2段16號 **위치** 타이난 기차역을 등지고 오른쪽으로 직진(도보 3분) **시간** 11:00~21:00 **휴관** 월요일 **홈페이지** www.b16tainan.com.tw **전화** 06-222-2681

타이난 기차역을 나와 조금만 걸어가면 나오는 타이난 문화 창의 상업 원구는 1905년에 지어져 총통부로 사용되던 곳이다. 이후 담배와 술을 판매하는 창고로 쓰이다 최근에 새롭게 단장했다. 실내는 여러 분야의 전시회가 수시로 열리며 주말이나 공휴일이면 건물 앞 광장에서 각종 길거리 공연들을 만나 볼 수 있으며 L동 크리에이티브 생활관에서는 독특한 아이템들을 판매하는 상점들이 입점해 있다.

시민들에게 휴식 공간을 제공하는 공원

타이난 공원 台南公園 [타이난궁위안]

주소 台南市北區公園路356號 **위치** 타이난 기차역을 등지고 오른쪽으로 직진(도보 5분)

타이난시 북쪽에 위치한 타이난 공원은 1917년에 처음 시민들에게 개방돼 지금까지 그 모습을 간직하고 있는 가장 오래된 공원이다. 제2차 세계 대전에 중산 공원으로 불렸다가 90년대 후반에 타이난 공원으로 개명했다. 약 4만여 평의 부지는 타이난 공원 중에서 가장 큰 규모를 자랑하며 어린이 놀이터, 노천 무대, 녹음 진 산책길과 중앙에 자리 잡은 분수와 호수는 시민들에게 휴식 공간을 제공하며 타이난에서 가장 사랑받는 공원으로 이용되고 있다.

주말에만 만나 볼 수 있는 예술 마을

321 예술 특구 321藝術特區 [321이슈터취]

주소 台南市北區公園路321巷 **위치** 타이난 기차역에서 도보 15분 **시간** 10:00~18:00 **휴무** 월~목 **홈페이지** www.facebook.com/pg/321ArtsVillage **전화** 06-299-1111#8093

2003년 5월 13일 시립 고적으로 지정된 321 예술 특수는 일제 시대 당시 부근에 바주카포 부대와 공병 부대가 주둔하던 곳이다. 원래는 일본 보병 제2 연대 기숙사로, 제2차 세계 대전 이후 대학교수 숙소로 이용됐는데 그중 대만의 유명 미술가 궈보촨郭柏川의 고택 또한 이곳에 남아 있으며 지금은 기념관으로 시민들에게 개방되고 있다. 2013년 3월 321 예술 특구로 정식 명칭을 변경했으며 현재 9개의 예술 단체가 들어와 시각 예술 및 표현 예술, 전시와 다양한 연출을 기반으로 한 예술 문화 활동을 하고 있다.

바다를 향해 길게 뻗은 지역

안핑

安平

타이난 서쪽에 위치한 안핑은 1625년 네덜란드가 대만을 점령하고 지금의 안평고보인 열란차성熱蘭遮城을 지은 후 무역이 발달하면서 대만에서 최초로 라오제가 생긴 지역이다. 대만은 물론 타이난 역사에서 빼놓을 수 없는 안핑 지역에는 당시 지었던 건축물들과 문화가 여전히 잘 보존돼 있어 대만 역사를 엿볼 수 있다. 안평서옥, 석유 출장소와 같은 관광 명소들이 잘 어우러져 관광지로 인기를 얻고 있으니 타이난을 방문한다면 꼭 둘러보는 것이 좋다.

타이난 기차역에서 88, 99번 타이완 호행 버스, 타이난 시티 투어 서쪽 노선西環線이 안핑까지 운행한다.

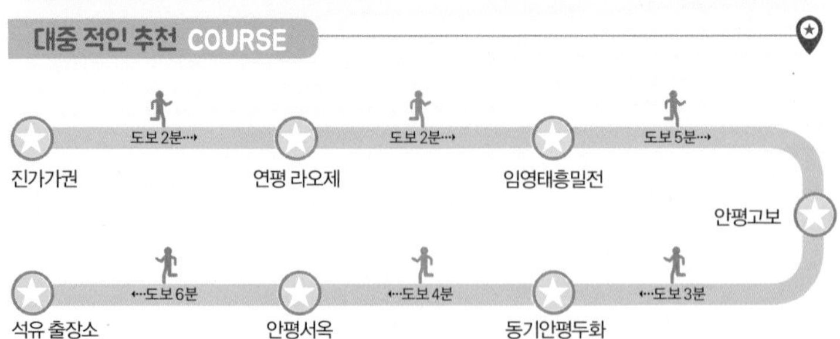

칠고염산
七股鹽山
사초녹색수도
四草綠色隧道
석유출장소
夕遊出張所
안평서옥
安平樹屋
덕기양행 德記洋行
주구영고거 朱玖瑩故居
동기안핑두화
同記安平豆花
안평고보
安平古堡
해산관 海山館
연평라오제
延平老街
임영태흥밀전
林永泰興蜜餞
진가가권
陳家蚵捲
검사정 劍獅埕
주씨하권
周氏蝦捲
이레이터부딩
依蕾特布丁
안핑
덕양함원구
德陽艦園區
사바히 박물관
Milkfish museum
억재금성
億載金城

높은 성벽 안에 위치한 고적

안평고보 安平古堡 [안핑구바오]

주소 台南市安平區國勝路82號 **위치** 99번 버스 타고 안핑구바오(安平古堡) 정류장에서 하차 **시간** 8:30~19:30 **요금** NT$ 50(입장료) **전화** 06-226-7348

1624년 대만을 점령한 네덜란드인이 지은 요새로 정성공에 의해 쫓겨나기 전까지 약 37년간 네덜란드의 행정기관 역할을 수행했다. 원래 이름은 열란차성热兰遮城이었으나 정성공에 의해 지금의 안평고보로 변하게 됐다. 총 길이 916m, 높이 10m의 성벽을 지나 안으로 들어가면 민족 영웅 정성군 동상과 안평고성 기념비, 당시 흔적을 간직한 유적들이 전시돼 있다. 박물관에는 정성공과 안핑에 관한 유물과 사료들이 전시돼 있어 안핑 지역에 대한 문화 발전상을 이해할 수 있다. 한쪽에 자리한 전망대에 오르면 안핑 지역을 파노라마처럼 감상할 수 있다.

다양한 샤오츠가 발길을 유혹하는 거리

연평 라오제 延平老街 [옌핑라오제]

주소 台南市安平區延平街 **위치** 99번 버스 타고 옌핑제(延平街) 정류장에서 하차

안평고보 동쪽에 위치한 연평 라오제는 안평고보를 지을 당시 함께 조성됐다. 바다와 가까워 안핑 지역에서 무역의 중심지로 가장 번화했으며 거리 곳곳에서 우물을 발견 할 정도로 물 자원이 풍부했던 곳이다. 오래 세월이 흐르면서 옛 거리의 모습은 쉽게 찾아볼 수 없지만 그 분위기를 잘 표현하고 있어 마치 옛 시대로 돌아간 듯한 느낌을 준다. 골목골목 타이난 토산품과 해산물 식당, 간단한 음식인 샤오츠를 판매하는 노점 등 다양한 가게들이 관광객들의 발길을 유혹한다.

안핑 지역 특산물인 굴 요리를 맛볼 수 있는 곳

진가가권 陳家蚵捲 [천지아커쥐안]

주소 台南市安平區安平路786號 **위치** 99번 버스 타고 옌핑제(延平街) 정류장에서 하차 후 도보 2분 **시간** 10:00~21:00 **가격** NT$ 60~ **전화** 06-222-9661

굴튀김 요리는 대만 전역에서 쉽게 맛볼 수 있는 음식이지만 이곳은 벌써 3대째 운영하는 타이난에서 유명한 굴 요리 전문점이다. 굴은 안핑 특산물 중 하나로 당일 공수한 신선한 굴을 튀김 옷에 입혀 김말이처럼 요리하는데, 황금빛 굴튀김을 한입 베어 물면 고소한 튀김과 신선한 굴의 진한 향이 입안을 가득 메운다. 특히 굴의 비린내를 전혀 느낄 수 없는 것이 그야말로 일품이다. 가게 건너편에서는 매일 직원들이 굴을 직접 까는 모습을 볼 수 있다.

바삭한 새우튀김이 인기 만점인 식당

주씨하권 周氏蝦捲 [저우스시아쥐안]

주소 台南市安平區安平路125號 **위치** 99번 버스 타고 옌핑제(延平街) 정류장에서 하차 후 버스가 온 방향으로 직진 후 안핑루(安平路)에서 우회전 후 직진하다 왼쪽 **시간** 9:30~19:00(월~금), 9:30~19:30(토, 일) **가격** NT$200(시아쥐안[蝦捲]) **홈페이지** www.chous.com.tw **전화** 06-229-2618

주씨하권周氏蝦捲은 50년의 역사를 간직하고 있는 오래된 식당으로, 타이난의 대표 샤오츠 중 하나인 시아쥐안蝦捲을 만나 볼 수 있다. 싱싱한 새우에 다진 돼지고기와 물고기로 속을 꽉 채운 후 얇은 피로 덮어 바삭하게 튀긴 시아쥐안蝦捲은 바삭바삭한 튀김과 탱글한 새우에 신선한 재료들이 어우러져 고소하면서도 담백한 맛을 느낄 수 있다. 점심시간이면 간단히 식사를 해결하려는 주변 직장인들과 시민들로 항상 문전성시를 이룬다.

안핑 지역의 민간 신앙을 만나보자

검사정 劍獅埕 [지엔스청]

주소 台南市安平區延平街35號 **위치** 옌핑 라오제(延平老街)에서 도보 5분 **시간** 10:00~18:30(월~금), 10:00~20:00(토, 일) **홈페이지** www.sword-lion.com.tw **전화** 06-228-3037

1993년 8월에 지어진 검사정은 안핑 지역의 독특한 풍습을 볼 수 있는 곳이다. 안핑 거리를 걷다 보면 각 집집마다 문 위로 검을 물고 있는 사자 조각상을 쉽게 발견할 수 있는데 이 조각을 지엔스劍獅라고 부른다. 조각의 유래는 옛 안핑 지역 사람들이 액운을 쫓기 위해 만든 것으로 알려져 있다. 실내는 타이난 지역의 민간 신앙을 주제로 한 테마관과 아이들을 위한 학습관이 마련돼 있으며 대만에서 재배한 커피와 지역 특산품도 함께 판매하고 있다.

달콤하게 절인 과일을 구입할 수 있는 곳

임영태흥밀전 林永泰興蜜餞 [린융타이싱미지엔]

주소 台南市安平區延平街84號 **위치** 옌핑 라오제(延平老街)에서 도보 3분 **시간** 11:30~20:00 **휴무** 화, 수요일 **홈페이지** www.chycutayshing.com.tw **전화** 06-225-9041

설탕이나 꿀에 절인 과일인 미지엔蜜餞은 타이난 특산품으로, 연평 라오제에서도 여러 상점이 있지만 가장 손님이 많은 곳이다. 140여 년의 역사를 간직하고 있는 임영태흥 밀전은 전통 방식인 소금, 한약재를 넣는 등 이곳만의 특별한 방법으로 만들어 한 번 이곳을 방문하면 계속 찾게 된다고 한다. 클래식한 인테리어의 실내는 50여 종류의 다양한 미지엔이 진열돼 있는데, 어떤 것을 고를지 행복함에 빠지게 된다. 가장 인기 있는 제품은 달콤한 망고, 새콤달콤한 파인애플 등이 있다.

고향에 대한 그리움으로 지어진 곳

해산관 海山館 [하이산관]

주소 台南市安平區效忠街52巷7號 **위치** 옌핑 라오제(延平老街)에서 도보 5분 **시간** 8:30~17:30 **전화** 06-226-7364

봉화관烽火館, 민안관閩安館, 금문관金門館, 제표관提標館과 함께 안핑 5관으로 불리는 해산관은 다른 부대에 있던 동향 사람들이 제사를 지내며 모임 장소로 만든 곳으로, 현재 3급 고적으로 지정돼 있다. 실내는 고향에서 모시던 신과 함께 마조妈祖 신을 모셨으며 명절이면 고향을 그리워 하는 마음을 달래기 위해 함께 모여 외로움을 달랬다고 한다. 1985년에는 안평 향토관安平鄉土館으로 새롭게 단장해서 오픈했으며 안핑 지역의 인물, 생활, 예술 문화 및 민간 기예 등 향토 역사 자료를 전시하고 있다.

안핑의 명물

동기안평두화 同記安平豆花 [퉁지안핑더우화]

주소 台南市安平區安北路141-6號 **위치** 99번 버스 타고 안핑구바오(安平古堡) 정류장에서 하차 후 학교를 등지고 왼쪽으로 직진(도보 3분) **시간** 10:00~22:00(월~금), 9:00~22:00(토, 일) **가격** NT$ 30~ **홈페이지** www.tongji.com.tw **전화** 06-391-5385

더우화는 두부로 만든 디저트로, 안핑에서 꼭 먹어 봐야 할 먹거리 중 하나다. 이곳 사장님은 40년 전 더우화 장인에게 제조법을 배운 후 아내와 함께 기존 방법에서 벗어나 자기만의 독창적인 방법을 연구해 판매하기 시작했다. 이후 사람들에게 알려지면서 안핑의 명물이 됐다. 매우 부드러우면서 향기로운 연두부에 달콤한 설탕물을 넣어 주는데, 입에 넣는 순간 사르르 녹을 정도다. 기호에 따라 따뜻하게 또는 차갑게 주문 가능하며 두부 위로 타피오카, 녹두, 팥 등의 토핑도 올려서 함께 먹을 수 있다.

옛 안핑 지역의 모습을 만나볼 수 있는 곳

덕기양행 德記洋行[더지양싱]

주소 台南市安平區古堡街108號 **위치** 99번 버스 타고 더지양싱(德記洋行) 정류장에서 하차 **시간** 8:30~17:30 **가격** NT$ 50(입장료) **전화** 06-391-3901

안핑 지역에서 이기怡記, 화기和記, 동흥東興, 래기唻記와 함께 안핑 오대양행 가운데 하나인 덕기양행은 유일하게 현재까지 남아 있는 오대양행으로, 1867년 영국인에 의해 지어졌다. 양행은 서양과 무역을 하는 회사를 부르는 말로 예전 이곳에서는 장뇌, 아편, 설탕 등을 거래했으며 일제 강점기에는 염전 사무소로 사용됐다. 현재는 정부가 관리하는 밀랍 인형관으로 1900년대 초 안핑 지역의 모습을 밀랍 인형으로 전시하고 있는데 실물 크기에 가까운 밀랍 인형들을 보고 있으면 감탄이 절로 나올 정도다.

안평서옥 安平樹屋 [안핑슈우]

주소 台南市安平區古堡街108號 **위치** 99번 버스 타고 안핑슈우(安平樹屋) 정류장에서 하차 **시간** 8:30~17:30(3~10월), 8:00~18:00(4~9월) **가격** NT$ 50(덕기양행 입장권으로 입장 가능) **전화** 06-391-3901

예전 덕기양행과 일제 시절 일본 소금 회사의 창고로 사용하다 버려져 폐허였던 안평서옥은 현재 타이난에서 가장 유명한 관광 명소다. 아무도 찾지 않던 이곳에 생명력이 강한 용수나무들이 뿌리를 내리고 끊임없이 자라나 건물 전제를 뒤덮은 모습을 보고 있으면 자연의 위대함을 느낌과 동시에 감탄을 자아낸다. 안쪽에 있는 계단을 따라 올라가 위에서 바라보면 내부와는 다른 색다른 모습의 풍경을 감상할 수 있으며, 약간 어두운 실내는 마치 영화 세트장 같은 분위기로 출사지로도 인기가 많다.

주구영고거 朱玖瑩故居 [주지우잉구쥐]

주소 台南市安平區古堡街108號 **위치** 덕기양행(德記洋行) 안 **시간** 8:30~17:30 **가격** NT$ 50(덕기양행 입장권으로 입장 가능) **전화** 06-299-1111

안평서옥 옆에 위치한 주구영고거는 덕기양행, 안평서옥과 함께 대만 소금 회사 소유지로 예전에는 대만 소금 회사의 기숙사였다. 리모델링을 거쳐 대만 소금 역사 문화 공원으로 새롭게 문을 열었다. 실내는 대만 소금 산업의 발전에 큰 영향은 물론 노동자들의 생활 수준까지 향상시킨 주지우잉朱玖瑩 선생의 서예 작품들과 그에 관한 자료들이 함께 전시돼 있다. 하얀 외벽에 일본식 목조 건축 양식이 잘 보존돼 있어 주말이면 웨딩 촬영 장소로도 사랑받고 있다.

366가지 색의 탄생 염이 눈길을 사로잡는 곳

석유 출장소 夕遊出張所 [시여우츄장쉬]

주소 台南市安平區安平路古堡街196號 **위치** 88, 99번 버스 타고 더지양싱(德記洋行) 정류장에서 하차 후 도보 8분 **시간** 10:00~18:00(일~금), 10:00~19:00(토) **요금** NT$ 100(소금탄생석) **홈페이지** www.facebook.com/sio.anping **전화** 06-391-1088

이름만 들어선 석유와 관련된 곳으로 오해할 만한 이곳은 대만 정부가 세운 건물로, 예전에는 염전 공장으로 사용되던 곳이었다. 일본식 건축 양식이 잘 보존돼 있는 전시관은 소금을 테마로 꾸몄으며 인문학과 역사적 배경을 결합해 탄생시킨 세계 각 지역의 특색 있는 소금 및 염조 작품을 볼 수 있다. 전시관 중앙에는 석유 출장소의 하이라이트라 불리는 탄생염鹽이 놓여 있는데 총 366여 가지가 각기 다른 색을 지니고 이어 선물용으로 인기가 많다.

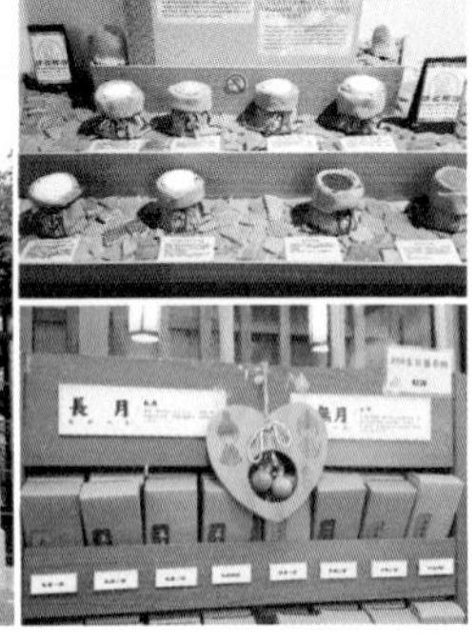

현지인과 관광객들의 입맛을 사로 잡은 푸딩

이레이터부딩 依蕾特布丁 Elate

주소 台南市安平區安平路422號 **위치** 99번 버스 타고 왕웨챠오(望月橋) 정류장에서 하차 후 버스 진행 방향으로 직진 **시간** 10:30~21:00(월~금), 10:00~21:00(토, 일 및 공휴일) **가격** NT$ 35~ **홈페이지** www.elate.com.tw/elate.asp **전화** 06-226-0919

3년 연속 타이난 10대 기념품 가게에 선정된 곳으로 관광객들은 물론 푸딩을 구입하려는 현지인들을 쉽게 볼 수 있다. 대학 입시를 준비하는 딸이 식사를 잘 하지 못하는 것이 걱정돼 만들기 시작한 푸딩이 지금은 가족들뿐만 아니라 사람들의 입맛까지 사로잡았다. 인터넷 판매로 시작했던 사업이 지금은 안핑 지역에 매장을 열고 판매하며 10년이 넘도록 사람들에게 사랑을 받고 있다. 물을 사용하지 않고 신선한 우유를 사용해 매우 신선하고 부드럽다. 주문하면 냉장 보관해 뒀던 제품을 주는데 그 자리에서 바로 먹어야 더욱 맛있다. 선물용은 따로 패키지에 담아 준다.

30년간 대만을 지켜온 덕양함

덕양함원구 德陽艦園區 [더양지엔위안취]

주소 台南市安平區安億路121號 **위치** 99번 버스 타고 억재금성(億載金城) 정류장에서 하차 후 도보 5분 **시간** 9:00~18:00 **가격** NT$ 50 **홈페이지** www.facebook.com/Teyang925 **전화** 06-293-2925

한국과 베트남 전쟁 당시 사용했던 미국 구축함을 1977년에 대만이 구입한 덕양함德陽艦은 2005년 퇴역할 때까지 해양 순찰 역할을 수행했다. 퇴역 후 4년간 항구에 정박하면서 실내를 리모델링 한 후 시민들에게 개방됐다. 총 길이 119m, 폭 12m의 웅장한 덕양함에 오르면 조타실, 선장실과 함께 당시 사용했던 바주카포, 로켓포 등을 구축함으로써 실제 사용했던 무기들을 가까이서 볼 수 있다. 선박 안은 덕양함이 활동하던 당시의 사진들이 전시돼 있으며 쉬어 갈 수 있는 카페 공간도 마련돼 있다.

옛 군사 방어진지

억재금성 億載金城 [이자이진청]

주소 台南市安平區光州路3號 **위치** 99번 버스 타고 억재금성(億載金城) 정류장에서 하차 **시간** 8:30~17:30 **요금** NT$ 50 **홈페이지** www.tnanping.gov.tw **전화** 06-295-1504

대만에서 첫 번째 현대화 서양식 요새로, 대만에서 대포의 새로운 시대를 연 이정표로 불린다. 넓은 면적을 자랑하는 요새는 붉은 벽돌로 건축된 서양식 건축물로 청나라 말기 해군 방어 진지로 큰 역할을 해내며 침략하려는 적군들을 물리치는데 큰 공을 세웠다. 현재는 역사적 의미가 깊어 대만 국가 고적 1급으로 지정돼 있으며 관광지로 탈바꿈해 많은 사람의 발걸음이 이어지고 있다.

타이난 특산물 사바히를 만나 볼 수 있는 곳

사바히 박물관 Milkfish museum 虱目魚主題館

주소 台南市安平區光州路88號 **위치** 99번 버스 타고 억재금성(億載金城) 정류장에서 하차 **시간** 9:00~17:00 **휴관** 월요일 **홈페이지** www.sabafish.com/tw **전화** 06-293-1097

사바히의 여왕이라 불리는 루징잉盧靖穎이 세운 곳으로, 그녀가 론칭한 브랜드 사바피시SabaFish의 플래그숍으로도 운영되고 있다. 2층 건물 안으로 들어서면 마치 도서관에 온 듯한 느낌을 주는 실내는 사바히와 관련된 각종 전시뿐만 아니라 사바히로 개발한 미용 제품 및 건강 식품도 만나 볼 수 있다. 2층 전시관은 사바히에 대한 이해를 돕기 위한 역사와 문화를 소개하고 있으며 1층은 사바히를 직접 관찰할 수 있는 아쿠아리움과 각종 캐릭터 상품도 함께 판매하는 상점, 사바히 내장으로 만든 죽도 시식해 볼 수 있는 곳도 마련돼 있다.

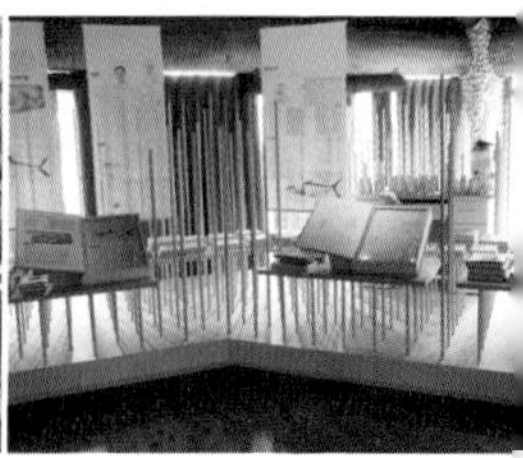

사초녹색수도 四草綠色隧道 [쓰차오뤼서수이다오]

주소 台南市安南區大眾路360號 **위치** 99번 버스 타고 쓰차오셩타이원화위안취(四草生態文化園區) 정류장에서 하차(약 40분 소요) **시간** 10:00~14:30(월~금), 8:30~16:30(토, 일) **요금** NT$ 200 **홈페이지** www.4grass.com **전화** 06-284-1610

자연에 의해 형성된 맹그로브 숲인 이곳은 그 모습 때문에 대만의 작은 아마존이라고도 불린다. 뤼서수이다오綠色隧道 는 녹색 터널이란 뜻으로, 아치형으로 무성하게 자란 나무숲이 수면에 비쳐 마치 터널을 지나는 듯한 모습 때문에 붙여졌다. 햇살을 가려 주는 숲 사이를 유유자적 배를 타고 있으면 마치 신선이 된 듯한 기분이 들 정도로 아름답다. 배마다 가이드가 함께 동행하며 숲에 대한 설명을 해 주며 운이 좋다면 맹그로브 숲에 서식하는 농게, 망둥어, 백로를 직접 볼 수 있다.

칠고염산 七股鹽山 [치구옌산]

주소 台南市七股區鹽埕里66號 **위치** 99번 버스 타고 치구옌산(七股鹽山) 정류장에서 하차(약 1시간 소요) **시간** 8:30~17:30(11~2월), 9:00~18:00(3~10월) **요금** 야외 무료 **홈페이지** cigu.tybio.com.tw **전화** 06-780-0511

정성공이 네덜란드를 몰아낸 이후 소금 산업이 크게 부흥하면서 대만 서남부의 중요한 사업 중 하나로 성장했다. 그러나 일제 시대 이후 점차 쇠퇴하다 결국 2002년에 생산 라인을 중단하면서 정식 폐업하게 됐다. 칠고염산 주변 역시 천일염을 만들던 곳으로 폐업 후 버려졌던 곳을 개발시켜 관광지로 새롭게 단장하게 됐다. 마치 한겨울의 스키장을 연상시키는 소금산은 총 5만 톤의 소금으로 지어졌으며 6층 높이를 자랑한다. 계단을 따라 정상까지 올라가면 주변의 풍경이 한눈에 들어오며 공원 내에 소금과 관련된 다양한 기념품과 소금 커피도 함께 판매하고 있다.

대만 최남단에 위치한 컨딩은 태평양과 바시 해협이 마주하는 휴양지로, 따뜻한 열대 기후 때문에 1년 내내 여행객들의 발길이 끊이지 않는 도시다. 울창한 숲과 산 아래로 펼쳐지는 푸른 바다, 맑은 날씨가 함께 공존하는 컨딩은 다양한 매력을 품고 있다. 길게 뻗은 해수욕장에서는 해양 스포츠를 즐기고, 바닷속에서는 아름다운 산호초들이 다이버들을 유혹한다. 해안 도로를 따라 길게 뻗은 야자수들은 이국적인 매력을 더해 주며 봄이면 열리는 음악 페스티벌이 컨딩의 밤을 화려하게 만들어 준다.

가는 법 가오슝 → 컨딩

❖ 컨딩 콰이시엔 墾丁快線 9189

컨딩 콰이시엔

가오슝 쭤잉 고속 철도역에서 컨딩까지 운행하는 고속버스로, 컨딩까지 약 2시간 만에 갈 수 있다. 운행은 매시간 2~3편이 운행하며 좌석을 구입해서 탑승해야 한다. 표 구입은 MRT 쭤잉역 1번 출구로 나가서 고속 철도역 2층으로 올라가는 에스컬레이터를 타고 가면 2층 출구에 위치한 판매처에서 구매 가능하다. 이곳에서 컨딩 콰이시엔 왕복권과 컨딩 대중 버스인 컨딩제처 2일권을 묶은 패키지 상품도 판매하며 왕복으로 예매하면 NT$ 600으로 저렴하게 구매할 수 있다.

노선 - 고속철도 쭤잉역 高鐵左營站-다펑완大鵬灣-팡랴오枋寮-처청車城-난바오리南保力-헝춘恆春-난완南灣-컨딩墾丁

운행 - 8:30~19:00 (쭤잉역 출발) / 8:00~19:00 (컨딩 출발)

요금 - 컨딩 도착 기준 편도 NT$ 391(교통 카드 결제 가능), 왕복 NT$ 600 / 왕복권+컨딩제처 2일권 NT$ 750

※쭤잉 버스 정류장 주변에서 택시들이 호객 행위 하는데, 요금은 버스보다 저렴하지만 보통 4명 정도 모은 후 출발하기 때문에 시간이 지체될 수 있다. 일반 4인승 택시일 경우 좌석이 꽉 차서 2시간 동안 불편하게 가야 할 수 있기 때문에 되도록 버스를 이용하는 것이 좋다.

❖ 공항 콰이시엔 機場快線 臨 918

가오슝 국제 공항에서 컨딩까지 바로 가는 버스로, 공항에서 컨딩까지 약 140분 정도 소요되며 티켓은 공항 입국장 인포메이션 센터 건너편에서 구매 가능하다.

노선 - 가오슝 국제공항高雄國際航空站-차오저우潮洲-팡랴오枋寮-하이커우海口-처청車城-해양 박물관海生館轉乘站-헝춘恆春-난완南灣-컨딩墾丁

운행 - 10:10~19:50(공항 출발) / 8:10~19:10 (컨딩 출발)
*버스 시간표는 티켓을 구매하는 곳에서 확인할 수 있다.

요금 - 편도 NT$ 418, 왕복 NT$600/ 왕복권 구매 시 컨딩제처 1일권(NT$ 150)을 무료로 증정

가는 법 헝춘 → 컨딩

❖ 컨딩제처 墾丁街車 오렌지 라인 橘線 / 블루 라인 藍線

컨딩과 헝춘을 오가는 시내 버스로, 오렌지 라인과 블루 라인이 헝춘에서 컨딩까지 운행하지만 블루 라인은 서쪽 해안가로 돌아가기 때문에 오래 걸린다. 헝춘 버스 터미널에서 컨딩까지 오렌지 라인 20분 / 블루 라인 40분 정도 소요된다.

요금 - NT$ 23 / 1일권 NT$ 150

운행 - 오렌지 라인 8:00~ 18:20(평일), 8:35~18:20(주말) / 블루 라인 9:00~17:40(평일)

❖ 택시

빠르게 이동 가능한 택시는 미터로 요금이 책정되는 것이 아니라 컨딩 목적지에 따라 요금을 받는다.

요금 - NT$ 300~500

시내 교통

❖ 컨딩제처

도보 여행이 불가능한 컨딩에서 유일한 대중교통으로 헝춘과 컨딩의 주요 관광 명소를 둘러볼 수 있다. 총 4개의 노선이 운행 중이며 모든 노선이 탑승 가능한 1일권도 판매하고 있다.

요금 -기본요금 NT$ 23(이지카드, 아이패스 가능) / 1일권 NT$ 150(버스 승차 기사에게 구입 혹은 쭤잉역 2층 판매처에서 구입 가능)

❖ 택시

가장 쉽고 편리한 방법이다. 시간당 혹은 1일 대여 후 주요 관광지를 둘러보는 방식이다. 보통 시간에 따라 요금은 NT$ 2,000~3000 정도. 일행이 있다면 택시 투어가 효율적일 수 있지만 혼자 이용하기에는 비용이 부담된다. 이용을 원할 경우 숙소에 문의하면 연결해 준다. 가오슝에서 당일치기로 컨딩 택시 투어를 이용하려면 'KKDAY' 사이트에서 픽업+투어 서비스를 예약할 수 있다.

홈페이지 – www.kkday.com

❖ 스쿠터

해안 도로에 스쿠터 전용 도로가 따로 있을 정도로 컨딩에서 가장 인기 많은 교통수단이다. 또한 원하는 일정대로 자유롭게 돌아다니고 싶다면 스쿠터가 정답이다. 일반 스쿠터와 전동 스쿠터 중 선택이 가능하지만 대만에서 외국인은 일반 스쿠터 대여는 불법이다. 전동 스쿠터는 국제 면허증 없이 대여가 가능하며 개인 정보를 위해 여권을 지참해야 한다. 컨딩 대가나 숙소에 문의하면 업체를 연결해 준다. 요금은 1일 NT$ 400~700 수준이다. 여행객들이 많이 찾는 만큼 다양한 스타일의 스쿠터가 준비돼 있다.

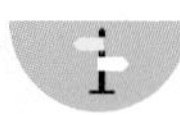

컨딩 BEST COURSE

1일. 컨딩 하루 코스

용반 공원 → 버스 10분 → 어롼비 공원 → 버스 5분 → 사도 → 스쿠터 3분 → 선범석 → 버스 30분 → 국립 해양 생물 박물관 → 버스 20분 → 관산 → 버스 20분 → 컨딩 대가

2일. 컨딩 +헝춘 코스

국립 해양 생물 박물관 → 버스 17분 → 헝춘 라오제 → 도보 15분 → 루징 매화록 생태 목장 → 도보 12분 → 헝춘 3000 맥주 박물관 → 버스 30분 → 어롼비 공원 → 버스 5분 → 사도 → 버스 12분 → 컨딩 대가

만리동 萬里桐
국립해양생물박물관
國立海洋生物博物館
관산 關山
백사만 白砂灣
후벽루
後壁湖
남만 南湾
컨딩 샤토 비치 리조트
Chateau Beach Resort
컨딩 대가 墾丁大街
컨딩해수욕장
가오슝행 버스 정류장
컨딩추이피탕바오
墾丁脆皮湯包
만파태식찬청
曼波泰式餐廳
여남활해선
旅南活海
에이미스 쿠치나
AMY'S CUCINA
적적샤오츠
迪迪小吃
시라펑칭민수
希腊风情民宿
시저 파크 호텔
CAESAR PARK HOTEL
컨딩 하워드 비치 리조트
Kenting Howard Beach Resort
가오슝행 버스 정류장
선범석
船帆石
용반 공원
龍磐公園
사도 砂島
어롼비 공원
鵝鑾鼻公園

드넓은 절벽에서 바라보는 태평양 바다

용반 공원 龍磐公園 [룽판공위안]

주소 屏東縣恆春鎮佳鵝公路 **위치** ❶ 컨딩 투어 버스 이용 ❷ 컨딩 대가에서 택시로 15분

현지인들에게 일출과 별 보기 좋은 곳을 묻는다면 아마 대부분 이곳을 추천할 것이다. 어롼비 공원과 펑추이사風吹沙 사이에 위치한 용반 공원은 높은 지대에 위치해 있으며 푸른 잔디 위로 곳곳에 흩어져 있는 석회암석들과 해안가의 절벽 지형이 드넓게 펼쳐진 태평양과 만나 그야말로 장관을 이룬다. 여름이면 잔디에 누워 별을 감상할 수 있는데 매년 4~6월까지는 우리나라에서는 볼 수 없는 남십자성좌南十字星座를 볼 수 있어 많은 사람이 용반 공원을 찾는다.

대만 최남단 공원

어롼비 공원 鵝鑾鼻公園 [어롼비공위안]

주소 屏東縣恆春鎮鵝鑾里鵝鑾路301號 **위치** 컨딩제처 오렌지 라인 타고 어란비(鵝鑾鼻) 정류장에서 하차 **시간** 7:00~17:30(10~3월), 6:30~18:30(4~9월) **요금** NT$ 60 **전화** 08-885-1101

어롼비 공원은 대만 최남단에 위치한 공원으로, 입구를 통해 들어가면 드넓고 싱그러운 초원과 길게 늘어선 야자나무, 산호초들이 대만 8대 절경으로 불리며 어롼비 등대와 함께 어우러져 이국적인 풍경을 선사한다. 산호초들과 다양한 열대 해양 식물들도 감상할 수 있는 해안가의 산책로와 새하얀 어롼비 등대는 공원의 하이라이트로 불릴 정도니 꼭 둘러보자. 생각보다 넓어 제대로 둘러보려면 반나절이나 걸리기 때문에 코스를 정하고 둘러보자.

컨딩에서 가장 아름다운 바다

사도 砂島 [샤다오]

주소 屏東縣恆春鎮鵝鑾里砂島路224號 **위치** 컨딩제처 오렌지 라인 타고 샤다오(砂島) 정류장에서 하차 **시간** 8:30~17:00 **전화** 08-885-1204

총 길이가 300m에 이르는 사도는 순도 98%의 모래로 이루어진 해수욕장으로, 컨딩에서 가장 아름다운 모습을 간직하고 있는 곳이다. 사도의 모래는 새하얀 조개가 바다의 침식 작용에 의해 형성된 매우 진귀한 모래다. 예전에는 누구나 드나들 수 있었지만 관광객들이 무분별하게 모래를 담아 간 이후 정부에서 사람들의 출입을 통제하고 있어 지금은 해안가의 전시관에서 바라볼 수 밖에 없다. 전시관에는 사도의 모래가 형성되는 과정과 실제 모래를 전시해 놓고 있다.

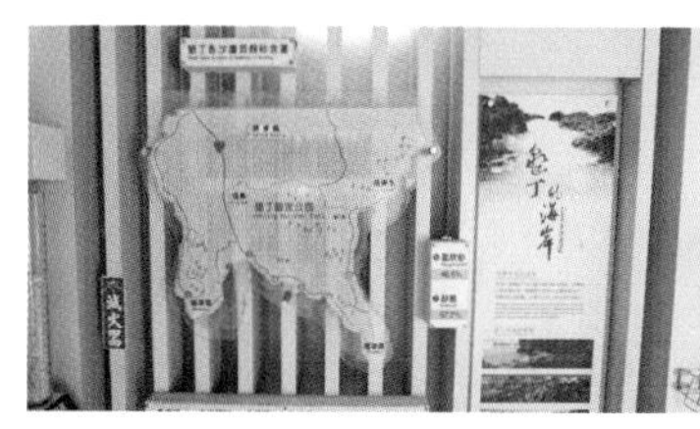

바다 위로 솟은 거대한 산호초

선범석 船帆石 [촨판스]

주소 屏東縣恆春鎮船帆路600號 **위치** 컨딩제처 오렌지 라인 타고 촨판스(船帆石) 정류장에서 하차

아름다운 컨딩 해안가를 따라 동쪽으로 가다 보면 우뚝 솟아 있는 거대한 산호초 바위가 눈에 들어온다. 높이 18m의 이 거대한 바위는 출항할 돛단배 모습과 똑 닮아 선범석으로 불리는데 어떤 이들은 미국의 닉슨 전 대통령의 모습과 비슷해 '닉슨 바위'라고도 한다. 선범석 주변으로는 해양 생물이 풍부해 인기 스노클링 포인트 중 한곳으로 인기가 많다.

밤이 되면 야시장으로 변하는 컨딩 번화가

컨딩 대가 墾丁大街 [컨딩다제]

주소 屏東縣恆春鎮墾丁路 **위치** 가오슝에서 컨딩 콰이시엔(墾丁快線) 버스 타고 컨딩다제(墾丁大街) 정류장에서 하차

컨딩 대가는 레스토랑부터 기념품 가게, 현지 민박, 호텔들이 거리를 따라 즐비한 컨딩 최고의 번화가다. 더욱이 밤이 되면 거리를 따라 형성되는 야시장에서 신선한 해산물 요리를 비롯해 다양한 먹거리들을 맛볼 수 있으며 세계 각국에서 찾아온 관광객들과 여행객들이 무더운 여름밤의 더위를 식히기 위해 모여들어 마치 페스티벌에 온 듯한 기분을 느낄 수 있다.

스페셜 가이드 ★ 컨딩 대가 ★

만파태식찬청 曼波泰式餐廳 [만보타이스찬팅]

주소 屏東縣恆春鎮墾丁路46號 **위치** 컨딩 대가(墾丁大街)를 따라 동쪽으로 가다 보면 왼쪽 **시간** 11:00~15:00, 17:00~23:00 **가격** NT$ 160~(샐러드), NT$ 180~(밥, 면 종류), NT$ 280~(생선류) **전화** 08-886-2878

독특한 외관이 인상적인 만파태식찬청은 2000년에 컨딩 대가에 오픈한 첫 태국 음식점으로, 저녁이면 항상 식당을 찾는 손님들로 인산인해를 이루는 인기 식당이다. 이국적인 분위기가 물씬 풍기는 외관을 통해 들어가면 태국에서 직접 가져온 소품들과 실내 인테리어가 마치 태국에 온 듯한 착각을 들게끔 한다. 신선한 재료로 태국 음식 본연의 맛을 담은 똠얌꿍, 샐러드, 해산물 요리가 인기 메뉴다.

적적샤오츠 迪迪小吃 [디디샤오츠]

주소 屏東縣恆春鎮墾丁路文化巷26號 **위치** 컨딩 대가(墾丁大街) 동쪽 **시간** 17:30~22:00 **휴무** 화요일 **가격** NT$ 200~(1인 미니멈 차지) *SC 10%, 현금 결제만 가능 **전화** 08-886-1835

싱가포르, 인도네시아, 말레이시아, 태국 등 동남아시아 각국의 특색 있는 요리를 맛볼 수 있는 식당이다. 컨딩의 신선한 해산물을 각 나라에서 직접 수입해 온 양념들을 사용해서 만든 음식들은 컨딩 주민들에게는 물론 관광객들의 입맛까지 사로잡았다. 다양한 메뉴 중에서도 디저트로 나오는 치즈 케이크는 사람들이 이곳을 다시 찾게 만들 정도니 꼭 먹어 볼 것. 항상 식당을 찾는 손님이 많아 최소 하루 전에 찾아가 미리 예약하는 것이 좋다.

에이미스 쿠치나 AMY'S CUCINA

주소 屏東縣恆春鎮墾丁路131-1號 **위치** 컨딩 대가(墾丁大街)에서 동쪽으로 가다 보면 오른쪽 **시간** 10:00~24:00 **가격** NT$ 100~(1인 미니멈 차지) *SC 10% **홈페이지** www.amys-cucina.com **전화** 08-886-1977

벌써 10년이 넘게 컨딩 대로에서 영업하고 있는 컨딩 대가의 유명한 이태리 레스토랑이다. 싱싱한 해산물로 만든 파스타, 피자, 샐러드와 같은 이태리 정통 음식과 함께 맛있는 디저트와 다양한 음료 및 칵테일도 함께 판매한다. 고급 치즈와 특제 소스로 만든 수제 피자가 인기 메뉴다. 밤이 깊어지면 컨딩을 찾은 젊은 관광객들의 모임 장소로도 인기가 많아 새벽까지 영업한다.

여남활해선 旅南活海鮮 [뤼난훠하이시엔]

주소 屛東縣恆春鎭墾丁路193號 **위치** 컨딩 대가(墾丁大街) 안 **시간** 10:30~22:00 **가격** NT$ 160~ **전화** 08-886-1036

컨딩 대가에서 가장 오래된 해산물 식당이다. 언제나 싱싱한 해산물만 사용하는 사장님의 요리 철학이 잘 지켜져 지역 주민들에게는 물론 관광객들에게도 좋은 평가를 받고 있다. 다년간의 경험을 통해 손님들의 입맛에 맞춘 요리를 맛볼 수 있으며, 그중 마늘찜 랍스터가 이 곳의 대표 메뉴. 또한 자기가 원하는 재료를 골라서 건네 주면 그 자리에서 직접 요리를 해주기도 한다. 가격도 합리적이며 요리의 만족도도 매우 높은 편이다.

컨딩추이피탕바오 墾丁脆皮湯包 [컨딩취피탕포]

주소 屛東縣恆春鎭墾丁路251號 **위치** 컨딩 대가(墾丁大街) 서쪽 **가격** NT$ 70~ **전화** 937-378-342

컨딩 대가에서 음식에 대한 자부심과 모든 손님의 입맛을 사로잡겠다는 자신감이 넘치는 사장님이 오픈한 만두 전문점이다. 가게 이름과 똑같은 추이피탕바오脆皮湯包는 성지엔바오生煎包처럼 밑은 바삭바삭하지만 피는 얇아 한입 베어 물면 뜨겁고 담백한 육수가 사장님이 직접 만든 특제 소스와 어우러져 입안을 가득 메운다. 마늘, 매운 소스, 김, 와사비, 치즈 등의 특제 양념을 고르면 탕바오 위에 깨와 함께 뿌려 준다. 한번 먹으면 은근히 중독성이 강해 꼭 다시 찾게 되는 곳이다.

각종 수상 액티비티를 즐길 수 있는 곳

남만 南湾 [난완]

주소 屏東縣恒春鎮南灣里南灣路223號 **위치** 컨딩제처 블루, 오렌지 라인 타고 난완(南灣) 정류장에서 하차

헝춘에서 컨딩 대가 쪽으로 가다 보면 나오는 남만은 컨딩 대가에 비해 조금은 한적하지만 모래사장 위로 형형색색의 파라솔이 고개를 내밀고 있고, 맑고 푸른 바다 위에서는 수영과 함께 스킨 스쿠버, 바나나보트, 제트 스키 등 해양 스포츠를 즐기기에 더 없이 좋은 곳이다. 모래사장 뒤쪽에는 민박들과 상점들이 들어서 있다.

바닷속 환경을 체험할 수 있는 박물관

국립 해양 생물 박물관 國立海洋生物博物館 [궈리하이양성우보우관]

주소 屏東縣車城鄉後灣村後灣路2號 **위치** 컨딩제처 오렌지 라인 타고 궈리하이양성우보우관(國立海洋生物博物館) 정류장에서 하차 **시간** 9:00~17:30, 9:00~18:00(7, 8월) **요금** NT$ 450 **홈페이지** www.nmmba.gov.tw **전화** 08-882-5678

헝춘반도 서쪽에 위치한 국립 해양 생물 박물관은 아시아에서 손에 꼽힐 정도로 큰 규모를 자랑한다. 바다 속 환경을 그대로 재현한 박물관은 열대어와 함께 커다란 산호를 감상할 수 있는 산호 왕국관, 거대한 오션 아쿠아리움이 있는 타이완 수역관, 전 세계의 다양한 해상 생물을 만나 볼 수 있는 세계 해역관 전시관으로 나누어져 있다. 각 전시관별로 하룻밤을 보낼 수 있는 숙박 시설도 마련돼 있어 마치 바닷속에서 물고기들과 함께 잠드는 특별한 체험도 할 수 있다. 숙박은 홈페이지에서만 예약이 가능하다.

아름다운 수중 환경이 숨겨진 곳

만리동 萬里桐 [완리퉁]

주소 屏東縣恆春鎮萬里桐 **위치** 컨딩제처 오렌지 라인 타고 완리퉁(萬里桐) 정류장에서 하차

완리퉁은 최근 컨딩에서 다이버들과 스노클링을 즐기는 관광객들에게 핫 플레이스로 떠오르는 지역이다. 작고 소박한 어항이 사람들에게 주목받기 시작한 이유는 바로 바닷속 아름다운 암초와 다양한 생물들을 관찰 할 수 있는 수중 환경, 주변 해안 풍경 때문이다. 수심이 얕은 곳에서는 산호군과 불가사리, 조개류를 볼 수 있으며, 비교적 깊은 곳으로 들어가면 홍어 같은 어류 등을 볼 수 있다. 또한 영화 〈하이자오 7번지〉에서 주인공이 바다 수영을 즐기는 영화 속 배경으로도 등장해 수많은 팬이 영화 속 흔적을 찾으러 방문하는 곳이기도 하다.

넓은 바다 위로 웅장한 일몰을 감상할 수 있는 곳

관산 關山 [관산]

주소 屏東縣恆春鎮關山 **위치** ❶ 컨딩 투어 버스 타고 관산(關山) 정류장에서 하차 ❷ 컨딩 대가에서 택시로 18분 **시간** 9:00~18:30(9~3월), 9:00~19:00(4~8월) **요금** NT$ 60 **전화** 08-889-8112

헝춘반도 남서쪽에 위치한 관산은 지형이 높아 산 정상에 오르면 먼 곳의 수평선과 주변의 푸른 해안선을 한눈에 내려다볼 수 있어 대만 남부 8대 절경으로 불린다. 특히 관산에서 놓치지 말아야 할 것이 있는데, 바로 늦은 오후 푸른 바다와 하늘이 붉게 물드는 일몰을 감상하는 것이다. 관산 일몰은 그 모습이 웅장하고 감상하기 좋아 일찍이 CNN에서 뽑은 일몰 베스트 12곳 중 한 곳에 선정되기도 했다. 일몰은 계절에 따라 시간이 조금씩 다르기 때문에 미리 시간을 확인하고 가는 것이 좋다.

캠핑, 수상 액티비티를 동시에 즐길 수 있는 해수욕장

백사만 白砂灣 [바이사완]

주소 屏東縣恆春鎮白砂灣 **위치** 컨딩 제처 블루라인을 타고 바이샤(白砂)에서 하차

백사만은 영화 〈라이프 오브 파이〉 속 마지막 장면을 촬영한 곳으로, 총 500m의 해수욕장을 따라 조개껍질 모래 함량이 85%에 달하는 흰모래와 바닷속이 훤히 비칠 정도로 깨끗한 수질을 만나 볼 수 있다. 곱고 부드러운 모래와 뛰어난 수중 환경으로 일 년 내내 수영, 요트 및 스노클링 등 수상 스포츠를 즐길 수 있으며 캠핑과 취사도 가능해 가족 단위 관광객들도 즐겨 찾는다. 서쪽 해변에 위치해 있어 해 질 무렵에는 낭만적인 일몰과 밤하늘을 빛내는 별들을 감상할 수 있다.

헝춘

恆春

핑동현 남단에 위치한 헝춘은 사계절이 항상 봄과 같다 하여 붙여진 이름으로, 현재 2급 고적인 헝춘 고성이 도시를 감싸고 있는 조용한 도시다. 대부분 관광객들이 컨딩으로 가는 관문으로 지나쳤던 도시였으나 대만 영화 〈하이자오 7번지〉가 흥행에 성공하고 헝춘이 촬영지로 알려지면서부터 새로운 관광지로 떠오르기 시작했다.

헝춘 교통

가는 법 가오슝 → 헝춘

❖ 컨딩 콰이시엔 墾丁快線 9189

가오슝 줘잉 고속 철도역에서 헝춘까지 운행하는 고속버스로, 헝춘까지 약 2시간 만에 빠르게 갈 수 있다. 운행은 매시간 2~3편 운행하며 좌석을 구입해서 탑승해야 한다. 표 구입은 MRT 줘잉역 1번 출구로 나가서 고속 철도역 2층으로 올라가는 에스컬레이터를 타고 가면 2층 출구에 위치한 판매처에서 구매 가능하다.

노선 - 고속철도 줘잉역高鐵左營站-다펑완大鵬灣-팡랴오 枋寮-처청車城-난바오리南保力-헝춘恆春-난완南灣-컨딩墾丁

운행 - 8:30~19:00(줘잉역 출발)

요금 - NT$ 361 (교통 카드 결제 가능)

❖ 공항 콰이시엔 機場快線 臨918

가오슝 국제공항에서 헝춘까지 바로 가는 버스로, 공항에서 헝춘까지 약 135분 정도 소요되며, 티켓은 공항 입국장 인포메이션 센터 건너편에서 구매 가능하다.

노선 - 가오슝 국제공항高雄國際航空站-챠오저우潮洲-팡랴오枋寮-하이커우海口-처청車城-해양 박물관海生館轉乘站-헝춘恆春-난완南灣-컨딩墾丁

운행 - 10:10~19:50(공항 출발) / 8:10~19:10(컨딩 출발)

* 버스 스케줄은 티켓을 구매하는 곳에서 확인할 수 있다.

요금 - NT$ 418 / 왕복권 구매 시 컨딩제처 1일권(NT$ 150)을 무료로 증정

가는 법 컨딩 → 헝춘

❖ 컨딩제처 墾丁街車 **오렌지 라인** 橘線 **/ 블루 라인** 藍線

컨딩과 헝춘을 오가는 시내 버스로, 오렌지 라인과 블루 라인이 컨딩에서 헝춘까지 운행하지만 블루 라인은 서쪽 해안가로 돌아가기 때문에 오래 걸린다. 컨딩에서 헝춘 버스 터미널까지 오렌지 라인 20분 / 블루 라인 40분 정도 소요된다.

요금 - NT$ 23 / 1일권 NT$ 150

운행 - 오렌지 라인 8:00~ 18:20(평일), 8:35~18:20(주말) / 블루 라인 9:00~17:40(평일)

❖ 택시

빠르게 이동 가능한 택시는 미터로 요금이 책정되는 것이 아니라 헝춘 목적지에 따라 요금을 받는다.

요금 - NT$ 300~500

헝춘 BEST COURSE

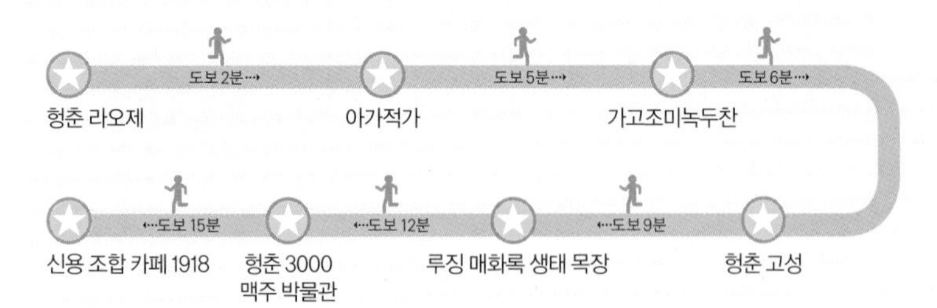

헝춘

루징 매화록 생태 목장
鹿境梅花鹿生态园区

헝춘 3000 맥주 박물관
恆春3000啤酒博物館

북문
北門

헝춘출화
恆春出火

헝춘 고성
恆春古城

서문
西門

가고조미녹두찬
柯古早味綠豆饌

동문
東門

옥진향
玉珍香

여행자 정보 센터

헝춘 버스터미널

아가적가
阿嘉的家

헝춘라오제
恆春老街

신용 조합 카페 1918
信用組合 CAFE 1918

남문
南門

시대의 흔적을 간직하고 있는 고성

헝춘 고성 恆春古城 [헝춘구청]

주소 屏東縣恆春鎮 **위치** 헝춘 환승 터미널에서 난먼루(南門路) 따라 도보 약 3분

헝춘 고성은 헝춘현 중앙에 위치해 있으며 대만에서 비교적 보존이 잘 되어 있는 고성 중 하나로, 130년이 넘는 역사를 가진 국가 2급 고적이다. 1874년 발생한 모란사 사건牡丹社事件으로 당시 청나라 조정이 동남 해안 방어의 중요성을 깨달아 헝춘 고성을 세웠다. 성벽은 벽돌과 석조를 쌓아 올려 만들었으며 성벽을 따라 동서남북 총 4개의 문이 있었으나 지진, 전쟁 등을 거치며 본래의 모습을 조금 잃고 지금은 동문과 서문만이 옛 모습을 잘 간직한 채 남아 있다. 성벽을 따라서 천천히 걷다 보면 4개의 문을 다 둘러볼 수 있는데 시내와 헝춘 라오제에서 가까운 남문부터 시작해 한 바퀴 둘러보는 것이 좋다.

헝춘 최대 번화가

헝춘 라오제 恆春老街 [헝춘라오제]

주소 屏東縣恆春鎮中山路 **위치** 헝춘 버스 터미널에서 중산루(中山路) 따라 도보 5분

중산루中山路에 위치한 헝춘 라오제는 헝춘에서 가장 번화한 곳이다. 라오제 곳곳에는 옛 모습을 그대로 간직한 일본식 건물들이 잘 보존돼 있으며 헝춘의 특산물과 맛있는 간식 샤오츠 등 다양한 매력으로 이곳을 찾는 관광객들의 시선을 사로잡는다. 이러한 이유로 라오제는 헝춘 고성 매력 상권恆春古城魅力商圈 라고도 불린다.

옥진향 玉珍香 [위전시앙]

주소 屏東縣恆春鎮中山路80號 **위치** 헝춘 라오제(恆春老街) 안 **시간** 8:00~21:00 **홈페이지** www.siang.com.tw **전화** 08-889-2272

1919년에 문을 열어 100여 년 동안 헝춘 라오제에서 4대에 걸쳐 에그롤만을 판매하는 상점이다. 대만에서 유일하게 수제 양파 에그롤을 파는 곳으로, 헝춘의 특산품인 양파를 이용해서 만든 에그롤은 천연 원료만을 사용하고 제조 과정에서 물과 어떠한 방부제도 넣지 않아 맛은 물론 건강에도 좋기로 유명하다. 양파 에그롤 이외에도 깨, 김이 들어간 웰빙식 에그롤과 치즈, 커피 에그롤도 같이 판매하고 있다.

가고조미녹두찬 柯古早味綠豆饌 [커구자오웨이뤼더우좐]

주소 屏東縣恆春鎮福德路69號 **위치** 헝춘 라오제(恆春老街) 끝 **시간** 10:00~19:00 **가격** NT$ 35~ **전화** 08-888-1585

헝춘 라오제 끝에 위치한 샤오츠 전문점으로, 녹두에 시럽, 탕위안, 당면 같은 토핑에 시원한 얼음을 갈아 넣은 조그마한 빙수가 더위에 지친 사람들의 입맛을 사로잡는 곳이다. 잘게 뿌려진 녹두는 고소하며 너무 달지 않고 식감도 좋아 남녀노소 즐겨 찾는다. 테이크 아웃도 가능하니 한 손에 들고 천천히 헝춘 라오제를 둘러보면서 먹어 보자.

영화 <하이자오 7번지> 주인공의 집

아가적가 阿嘉的家 [아지아더지아]

주소 屏東縣恆春鎮光明路90號 **위치** 헝춘 고성 남문에서 광밍루(光明路) 따라 직진(도보 약 3분) **시간** 9:00~18:00

2008년 대만에서 개봉해 엄청난 흥행 돌풍을 일으킨 영화 <하이자오 7번지>는 대만의 아름다운 남부 해변을 배경으로 한 영화로, 영화 속에서 헝춘과 컨딩의 맑고 투명한 바닷가를 감상할 수 있다. 헝춘 라오제에서 조금만 걸어가면 나오는 이곳은 영화 속 남자 주인공의 집으로 나왔는데, 영화가 흥행한 후 끊임없이 찾아오는 팬들이 쉽게 볼 수 있도록 문 앞에 영화 제목과 남자 주인공의 이름을 딴 '아지아집'이라고 적은 현판을 걸어놨다. 내부로 들어가면 촬영 당시의 모습을 볼 수 있어서 영화를 본 사람들은 꼭 이곳을 방문해서 기념사진을 남긴다고 한다. 영화를 본 사람이라면 놓치지 말고 꼭 들러 보자.

헝춘의 분위기 깡패로 소문난 카페

신용 조합 카페 1918 信用組合 CAFE 1918 [헝춘신융주허]

주소 屏東縣恆春鎮文化路155號 **위치** 헝춘 라오제(恆春老街)에서 도보 3분 **시간** 11:00~24:00 **휴무** 화요일
홈페이지 www.facebook.com/Cafe1918 **전화** 08-888-3700

헝춘 고성 주변을 둘러보면 일제 시대의 건물들이 여전히 남아 있는 것을 발견할 수 있다. 그중 남문 부근의 신용 조합 카페 1918은 1918년에 지어진 곳으로, 일제 시대 당시 신용 조합 은행으로 사용됐던 곳을 새롭게 리모델링해 오픈한 카페다. 바로크식 건축 외관을 통해 들어가면 은행으로 사용됐던 당시의 인테리어를 잘 보존해 놓았으며 실제 사용했던 물건들까지 진열돼 있어 예전 대만의 역사적 발자취를 만나 볼 수 있다. 매콤한 카레에 블랙 초콜릿을 넣은 치킨 카레밥咖哩雞肉飯은 이곳에서만 맛볼 수 있는 메뉴로 인기가 많다.

귀여운 매화록들이 반겨주는 곳

루징 매화록 생태 목장 鹿境生態梅花鹿園

주소 屏東縣恆春鎮恆公路1097之1號 **위치** 헝춘 라오제(恆春老街)에서 도보 15분 **시간** 9:00~18:00 **요금** NT$ 200 (농원 내부에서 상품 구매 시 NT$ 100 할인) **홈페이지** www.facebook.com/hoteldedeer **전화** 08-888-1940

루징 매화록 생태 목장에서는 일본의 나라 사슴 공원처럼 대만 고유의 사슴종인 매화록과 소수의 대만 수록을 직접 눈앞에서 만날 수 있다. 원래 헝춘 주변은 사슴의 천당으로 불렸지만 무모한 포획으로 점차 그 사슴들의 수가 급격히 줄어들었다. 이 후 2014년부터 컨딩 국립 공원의 보호하에 생태 공원에서 40마리가 이곳에서 함께 생활하고 있다. 공원 규정만 잘 준수하면 귀엽고 애교 넘치는 매화록을 가까이서 볼 수 있어 주말이면 공원을 찾는 가족들도 많다. 기념품 숍에서는 귀여운 사슴 캐릭터 상품들을 판매하고 있는데 수익금 일부는 매화록을 보호하는 데 기부금으로 사용되고 있다.

맥주 매니아라면 꼭 방문해야하는 곳

헝춘 3000 맥주 박물관 Hengchun 3000 Brewseum 恆春3000啤酒博物館

주소 屏東縣恆春鎮草埔路29-1號 **위치** 헝춘 라오제(恆春老街)에서 도보 15분 **시간** 11:00~21:00 **휴관** 목요일 **요금** NT$ 100 (18세 이상만 입장 가능) *음료 주문 시 현금처럼 사용 가능 **홈페이지** www.facebook.com/3000Brewseum **전화** 08-888-1002

대만의 맥주 박사라 불리는 박물관 관장이 직접 오픈한 맥주 박물관이다. 전 세계에서 수집한 3,000개의 맥주잔에서 이름을 딴 3000 맥주 박물관은 헝춘을 찾는 관광객들에게 핫 플레이스로 떠오르고 있다. 공장식 투박한 인테리어의 실내에 들어서면 한쪽 벽면에 전세계 다양한 맥주캔으로 '비어BEER'라는 글자와 그 옆으로는 1만 개의 맥주 라벨로 만든 모나리자가 시선을 사로잡는다. 박물관에는 박물관 관장의 유니크한 개인 소장품은 물론 컨딩의 지명을 딴 6종류의 맥주도 판매하고 있으니 맥주를 좋아하는 사람이라면 꼭 방문해 보자.

꺼지지 않는 불화

헝춘출화 恆春出火 [헝춘추훠]

주소 屏東縣恆春鎮和興路 **위치** ❶ 헝춘 고성 동문에서 도보 약 15분 ❷ 컨딩제처 그린 라인 타고 추훠(出火) 정류장에서 하차

헝춘 고성의 동문 외곽에 위치한 출화는 예전 이 지역에 우물을 파려다 컨딩 이암층까지 파게 됐는데, 그곳에서 우연히 천연가스가 자연스럽게 나오는 것을 발견해, 천연가스가 지하 이암층의 갈리진 틈으로 세어 나오는 것을 알고 불을 붙이자 분화처럼 타오르니 이를 보고 '출화'라 불리게 됐다고 한다. 공터 같은 곳에 돌들이 깔려 있고 그 위로 낮에도 눈에 보일 만큼 불이 계속 타오르는 것을 볼 수 있는데, 밤이 되면 더욱 선명히 감상할 수 있다. 컨딩제처墾丁街車를 타고 이동이 가능하지만 배차 간격이 넓어서 도보로 이동하는 것이 편할 수 있다.

我愛墾丁
87
我愛墾丁
恆春

Kaohsiung

추천 숙소

- 숙소 예약 체크 리스트
- 가오슝 추천 숙소
- 타이난 추천 숙소
- 컨팅 추천 숙소

KAOHSIUNG

추천 숙소

여행의 전체 만족도를 크게 좌우하는 요소는 바로 숙소다. 자신의 여행 취향과 예산에 맞게 숙소를 고르는 것이 중요하다. 숙소를 예약할 때는 예약 대행 사이트와 호텔 홈페이지에서 예약할 수 있다. 사이트, 시간마다 할인 폭이 다르니 호텔을 예약하기 전에 꼼꼼하게 비교해 보자.

숙소 예약 체크 리스트

세금과 옵션을 확인하자

같은 호텔, 같은 객실이라도 예약 대행 사이트마다 요금이 다르다. 또한 세금, 조식, 서비스 요금 등이 포함되면 금액이 더 올라가니 숙소 요금에 어떤 사항이 포함돼 있는지 잘 살펴보자.

생생한 후기 확인은 필수

관심 있는 숙소가 있다면 후기를 꼭 살펴봐야 한다. 호텔 홈페이지와 예약 대행 사이트는 최고의 사진만을 올려 놓아서 현혹되기 쉽다. 직접 여행을 다녀온 사람들의 생생하고 솔직한 후기를 읽어 본 후 숙소를 결정하다.

가격을 비교하자

호텔을 정했다면 호텔 홈페이지를 포함해 예약 대행 사이트를 최소 두서너 군데 이상 비교해 보자. 같은 호텔의 같은 방이어도 사이트에서 진행하는 이벤트, 할인 쿠폰, 프로모션 등이 있다면 훨씬 저렴하게 숙소를 이용할 수 있다.

취소 규정을 확인하자

호텔 예약 사이트마다 규정의 차이가 있으니 예약 전 취소 규정을 잘 살펴보자. 일정 기간까지 취소 수수료가 무료인 곳도 있고 결제 후에 취소하면 무조건 수수료를 부과하는 곳도 있으니 잘 확인하자.

바우처를 챙기자

숙소 예약이 끝나면 메일이나 홈페이지로 바우처를 발급해 준다. 체크인 시 바우처가 필요하므로 인쇄해서 잘 보관해 두자.

주소와 위치를 미리 준비하자

출국 전에 한자로 쓴 숙소 이름과 주소를 준비하면 좋다. 특히 택시를 탈 때 한자로 쓴 주소와 이름이 더 유용하니 인쇄를 해 가거나 스마트 폰에 담아 가자.

호텔 예약 사이트

- 호텔패스 www.hotelpass.com
- 아고다 www.agoda.co.kr
- 부킹닷컴 www.booking.com
- 호텔스닷컴 kr.hotels.com

호스텔 예약 사이트

- 호스텔월드 www.hostelworld.com
- 호스텔닷컴 www.hostels.com/ko

추천 숙소 팁

에어비앤비 이용하기

에어비앤비 www.airbnb.co.kr

호텔이 아닌 현지인처럼 아파트나 특별한 숙소에서 머물고 싶다면 에어비앤비를 이용해 보자. 전 세계적으로 인기를 끌고 있는 숙박 공유 사이트다. 현지인의 숙소를 공유할 수 있어 호텔과는 또 다른 특별한 경험을 할 수 있다.

호텔 요금 가격 비교 사이트 100% 활용하기

호텔스 컴바인 www.hotelscombined.co.kr

전자제품을 살 때 가격 비교를 하듯 호텔 객실 요금도 한눈에 쫙 비교해 주는 사이트가 있다. 호텔 예약 대행 사이트의 제품이 다 모여 있어 수백만 개가 넘는 호텔과 호스텔을 쉽게 비교할 수 있다. 숙소 예약 전에 반드시 활용하기를 추천한다.

실크 클럽 Silk Club 晶英國際行館館 [징잉궈지쀠관]

주소 高雄市前鎮區中山二路199號 위치 MRT R8 싼둬상취안(三多商圈)역 2번 출구에서 도보 5분 요금 NT$9,499 홈페이지 www.silks-club.com 전화 07-973-0189

2017년 하반기에 오픈한 실크 클럽은 가오슝의 번화가인 삼다 상권에 있어 관광과 비즈니스에 편리한 위치를 자랑한다. 참나무, 대리석으로 자연 소재를 사용한 실내 인테리어는 고급스러우면서 심플한 느낌을 준다. 총 147개의 객실은 53평방미터 이상의 크기를 자랑하며 객실의 전면 유리로 가오슝 시내의 전경을 내려다볼 수 있다. 고급 호텔답게 객실 내 시설도 수준급을 자랑하는데 에어컨은 오존 공기 청정기를 사용하며, 네스프레소 머신, 보스BOSS 블루투스 스피커, 팔로모FALOMO 매트리스에 일본의 몽환적인 사케 브랜드 타지獺祭, Taji 한 병을 기본으로 제공한다. 호텔에 있는 우카이UKAI 계열의 체인 식당인 '우카이 테이 가오슝UKAI TEI Kaohsiung'은 이곳에 투숙하지 않아도 미식을 즐기는 사람이라면 꼭 방문해 볼 만한 가치가 있는 식당으로, 최고급 소고기 스테이크와 철판구이 요리를 맛볼 수 있다.

호텔 인디고 Hotel Indigo 英迪格酒店 [잉디거지우디엔]

주소 高雄市新興區中山一路4號 위치 MRT R9 중앙공위안(中央公園)역 2번 출구에서 도보 2분 요금 NT$ 4,966~ 홈페이지 www.ihg.com/hotelindigo/hotels/cn/zh/kaohsiung/khhin/hoteldetail 전화 07-272-1888

세계적으로 유명한 IHG 그룹의 호텔 체인 '인디고'의 대만 첫 지점을 가오슝 시내 중심인 중앙 공원에 오픈했다. 낮에는 녹색 가득한 중앙 공원이 보이는 총 129개의 넓은 객실은 가오슝 도시를 테마로 다양한 포인트를 줘 도시의 과거와 현재를 재현해냈다. 로비는 디자인 호텔답게 알록달록하면서 펑키하게 꾸며졌으며, 젊고 감각적인 스타일의 객실에는 넓은 욕조와 네스프레소 머신, 태국 유명 아로마 스파 브랜드인 탄Thann의 어메니티까지 트렌디 하면서 동시에 편안한 분위기를 연출한다. 15층에 위치한 루프톱 바에서는 가오슝 시내의 야경이 내려다보며 독특한 칵테일을 즐길 수 있어 오픈과 동시에 새롭게 핫 플레이스로 떠올랐다.

호텔 두아 Hotel Dua [두아 지우디엔]

주소 高雄市新興區林森一路165號 위치 MRT R10, O5 메이리다오(美麗島)역 6번 출구에서 도보 3분 요금 NT$ 3,280~ 홈페이지 www.hoteldua.com.tw 전화 07-272-2999

미려도역 부근에 위치한 두아 호텔은 가오슝에서 동급 대비 최고의 인기를 자랑하는 부티크 호텔이다. 같은 동급 호텔들보다 월등하게 넓은 객실은 고급스럽고 동양적인 분위기에 정갈함이 매력적이다. 새장 같은 조명, 다양한 수납공간과 길게 뻗은 테이블, 무료 와이파이 서비스는 손님들에게 편안한 휴식 공간을 제공한다. 조식 메뉴에는 초밥, 딤섬 등 다른 곳에서 쉽게 맛볼 수 없는 메뉴들도 준비돼 있으며 12층의 루프톱 바는 가오슝 젊은이들에게 핫 플레이스로 인기가 많다. 1층에서 MLD 대려까지 무료 셔틀버스를 운행하고 있으며 리셉션에 요청하면 주변 맛집들이 표시된 미니 지도도 제공한다.

앰버서더 호텔 Ambassador Hotel 國賓大酒店 [궈바오다지우디엔]

주소 高雄市前金區民生二路202號 위치 MRT O4 스이후이(市議會)역에서 도보 15분 요금 NT$ 2,200~ 홈페이지 www.ambassadorhotel.com.tw 전화 07-211-5211

낭만이 흐르는 애하 강변 옆에 위치한 앰버서더 호텔은 오랜 전통과 역사를 자랑하는 5성급 호텔이다. 400여 개가 넘는 객실을 보유하고 있으며 호텔 전체적으로 클래식한 스타일을 느낄 수 있다. 애하가 내려다보이는 객실은 심플하면서도 고급 호텔의 분위기를 그대로 느낄 수 있게 인테리어 됐지만 오래된 만큼 동급 호텔에 비해 가격이 저렴하다. 아담한 수영장에는 개인 샤워실이 마련돼 있으며 1층에서는 강변이 보이는 노천카페를 운영하며, 로비에서 무료로 자전거를 대여할 수 있다.

그리트 인 GREET INN 喜迎旅店 [시잉뤼디엔]

주소 高雄市前金區六合二路161號 **위치** MRT O4 스이후이(市議會)역 4번 출구에서 도보 3분 **요금** NT$ 3,050~ **홈페이지** www.greetinn.com.tw **전화** 07-231-2333

항구 도시의 이미지를 콘셉트로 디자인한 그리트 인 호텔은 세련되면서도 모던한 컨테이너 스타일의 실내 공간과 청결한 객실로 여행객들에게 인기가 많다. 객실은 동급 호텔과 비교하면 꽤 넓고 쾌적하고 깨끗하게 잘 정리돼 있는데 객실 콘센트는 110V로 로비에 요청하면 보증금을 지불하고 어댑터를 대여할 수 있다. 조식은 2층 식당에서 이용 가능하며 오후 3시부터 저녁10시까지는 미니 바를 운영하는데 투숙객이라면 이곳에서 간단한 빵, 음료 등을 무료로 이용 가능하다. 가오슝 최대 야시장인 리우허 관광 야시장으로 도보 이동이 가능해서 다양한 먹거리와 편리한 쇼핑은 물론 생동감 넘치는 가오슝의 밤을 제대로 느낄 수 있다.

호텔 코지 Hotel Cozzi 和逸飯店 [허이판디엔]

주소 高雄市前鎮區中山二路260號 **위치** MRT R8 싼둬상취안(三多商圈)역 3번 출구에서 도보 1분 **요금** NT$3,100~ **홈페이지** hotelcozzi.com **전화** 07-975-6699

가오슝의 대표 번화가인 삼다상권역 바로 옆에 있는 호텔 코지는 주로 젊은 여성들에게 인기가 많다. 아시아에서 유일하게 호텔 한 층의 모든 룸을 바비 인형 테마로 인테리어 했다. 엘리베이터에서 내리면 온통 핑크빛으로 복도를 따라 객실로 들어가면 핑크색 벽지와 커튼, 슬리퍼, 쿠션, 커피 컵까지 바비 인형과 핑크로 포인트를 줘서 동화 속에 온 듯한 느낌을 준다. 넓은 객실과 높은 천장은 쾌적한 느낌을 주며 큰 창으로는 가오슝 도심의 경치를 한눈에 감상할 수 있다.

더 트리 하우스 The Tree House 樹屋設計旅店 [슈우서지뤼디엔]

주소 高雄市前金區六合二路132號3樓 위치 MRT O4 스이후이(市議會)역 4번 출구에서 도보 3분 요금 NT$ 1,145~ 홈페이지 www.designhotels.com.tw 전화 07-287-8800

MRT 시의회역과 리우허 관광 야시장에서 가까워 출장 온 손님들과 여행객들이 주로 이용하는 호텔이다. 나무를 좋아하는 사장님의 의견에 따라 호텔 실내는 원목을 콘셉트로 인테리어 했으며 로비로 들어서면 호텔의 랜드마크인 커다란 나무 조형물이 눈에 들어온다. 총 72개의 객실은 자연을 기반으로 가오슝을 대표하는 미려도역, 애하 등 총 10가지 테마로 꾸며져 방마다 개성이 넘치고 심플하면서도 감각적인 분위기로 인테리어와 소품에 신경을 쓴 노력을 엿볼 수 있다. 셀프 세탁실, 건조방, 식당과 밤 11시까지 운영하는 노천 수영장은 저녁이 되면 조명이 켜져 더 로맨틱한 분위기를 연출한다. 사장님이 직접 수집한 나무로 만든 개인 소장품을 전시하고 있으며 매력적인 디자인 제품도 판매하고 있다. 호텔 방침에 따라 환경 오염을 방지하기 위해 1박 이상 머무를 경우 요청하지 않는 이상 객실의 베개와 침대 커버를 바꾸지 않으니 원할 경우 TV 옆 공지가 쓰인 클립보드를 침대 위에 올려두면 된다

아이콘 호텔 Icon Hotel 艾卡設計旅店 [아이카지뤼디엔서]

주소 高雄市新興區民生一路328號 위치 MRT R9 중양공위안(中央公園)역 3번 출구에서 도보 5분 요금 NT$ 1,680~ 홈페이지 www.iconhotel.com.tw 전화 07-281-8999

중앙 공원 부근에 있는 부티크 호텔로 주변에 쇼핑과 미식거리가 가깝고 MRT역에서 멀지 않아 교통 또한 편리하다. 블랙으로 꾸며진 외관과는 다르게 호텔 내부와 객실은 화이트를 기본으로 전 세계의 젊은 예술가 10명과 함께 컬레버레이션을 통해 10여 개의 테마로 객실을 꾸며 곳곳에서 모던함과 젊은 예술인들의 감각을 엿볼 수 있어 캐주얼한 느낌을 준다. 2인실부터 6인실까지 있는 5종류의 객실에는 화장실과 세면실이 따로 분리돼 있을 정도로 넓으며 전 객실 무료 와이파이 서비스를 제공한다.

저스트 슬립 Just Sleep 捷絲旅 [제쓰뤼]

주소 高雄市新興區中山一路280號 위치 MRT R11 가오슝 처잔(高雄車站)역 1번 출구에서 도보 약 2분 요금 NT$ 3,200~ 홈페이지 www.justsleep.com.tw/KaohsiungStation/zh/location 전화 07-973-3588

'저스트 슬립Just sleep'은 대만 현지 호텔 체인점으로 한국인들에게도 잘 알려진 호텔이다. 가오슝 기차역 지점은 2016년에 오픈했으며 기차역 바로 앞에 있어 다른 지역으로의 이동은 물론 시내 중심인 MRT 미려도역까지 단 한정거장 거리로 매우 가깝고 리우허 관광야시장까지 도보 이동이 가능하다. 더블 룸부터 패밀리 룸 까지 약 100여 개의 객실에 웰스프링Wellspring 침대 메트리스를 사용했으며 실내 인테리어는 심플하면서 실용성이 느껴지며 동시에 예술적인 분위기를 연출해 다른 지점과 비슷하면서 다른 분위기로 포인트를 주었다. 또한 제시카페Jessicafe와 식당, 자동 세탁기 등 여행객들에게 필요한 시설을 갖춰 배낭여행객들에게 인기가 많다.

카인드니스 호텔 Kindness Hotel 康橋連鎖旅館 [캉챠오리엔쉬뤼디엔]

주소 高雄市三民區建國二路295號 위치 MRT R11 가오슝 처잔(高雄車站)역 1번 출구에서 도보 3분 요금 NT$ 1,980~ 홈페이지 www.kindness-hotel.com.tw/location-kaohsiung-zhanchien 전화 07-238-6677

가오슝에만 10개가 넘는 체인이 있을 정도로 현지인들에게는 물론 관광객들에게도 인기가 많은 호텔. 최고의 가성비를 자랑하는 호텔로 자전거 대여, 비니지스 룸, 세탁실과 건조실을 투숙객이라면 모두 무료로 사용 가능하다. 특히 24시간 커피, 음료, 아이스크림을 무료로 제공하는 서비스는 주머니 사정이 가벼운 배낭여행객들이 최고의 서비스로 손꼽는다. 객실 전체는 크지 않지만 기본적인 어메니티들이 잘 갖춰져 있으며 아늑하면서 편안한 느낌을 준다. 1층 로비에서는 자전거 대여는 물론 캐리어를 무료로 보관해 주는데 장기 보관이 가능해 타이난, 컨딩 등 다른 지역으로 여행 시 무거운 짐을 들고 이동할 필요 없이 가볍게 다녀올 수 있다.

페이퍼 플레인 호스텔 Paper Plane Hostel 紙飛機高雄青年旅館 [즈페이지가오슝칭니엔뤼디엔]

주소 高雄市三民區博愛一路287號10樓 **위치** MRT R12 허우이(後驛)역 4번 출구에서 도보 2분 **요금** NT$ 450~ **홈페이지** www.pphostel.com **전화** 968-500-985

가오슝에서 인기 많은 페이퍼 플레인 호스텔은 가오슝 기차역, 애하 같은 시내 주요 관광 명소에 쉽게 접근할 수 있는 편리한 위치를 자랑한다. 객실은 2인실과 4인실 개인룸과 8인 도미토리, 16인 도미토리로 구성돼 있으며 개인 침대마다 독서등과 멀티 콘센트, USB 콘센트, 슬리퍼와 수건을 무료로 제공하고 개인 귀중품을 따로 보관할 수 있는 로커가 마련돼 있고 화장실과 함께 있는 샤워실은 남녀 구분돼 있어 편리하게 이용할 수 있다. 그리고 호스텔의 직원들이 매우 친절하며 한국어 가능한 직원이 항상 있어 큰 어려움 없이 체크인이 가능하다. 카페처럼 꾸며진 로비에서는 각종 이벤트 외에 칵테일과 각종 음료가 있어 다른 여행객들과 편안하게 교류할 수 있다.

싱글 인 Single inn 單人房 [단런팡]

주소 高雄市新興區八德一路392號 **위치** MRT R10, O4 메이리다오(美麗島)역 10번 출구에서 직진(도보 4분) **요금** NT$ 600~ **홈페이지** www.singleinn.com.tw **전화** 07-235-6989

혼자 여행을 즐기는 사람들에게 호텔 숙박료는 항상 부담일 수밖에 없다. 그런 여행자들을 위해 문을 연 싱글 인은 증가하는 1인 여행자들에게 최적화 된 호스텔이다. 총 126개의 객실은 남자 전용, 여자 전용 구역으로 구분돼 있어 조금 더 자유롭게 편안한 환경을 제공하고 있으며 목욕탕, 빨래방, 게임 존 같은 여가 시설도 여행의 즐거움을 더해 준다. 객실 크기는 약 1.2평으로 작지만 수건 및 간단한 어메니티가 물과 함께 구비돼 있다. 청결을 위해 객실에서는 어떠한 음식도 섭취가 불가능하다.

타이난 추천 숙소

실크 플레이스 타이난 Silks Place Tainan 台南晶英酒店 [타이난징잉지우디엔]

주소 台南市中西區和意路1號 **위치** 타이난 기차역(台南火車站)에서 택시로 8분 **요금** NT$ 4,400~ **홈페이지** www.silksplace-tainan.com.tw **전화** 06-213-6290

FIH 리젠트 호텔 그룹에서 운영하는 호텔로, 타이난 번화가인 신광 미쓰코시 신천지 근처에 위치해 있어 쇼핑을 즐기기에 최적의 위치를 자랑한다. 총 255개의 객실이 있으며 심플하면서 편안한 분위기의 인테리어로 꾸며진 실내에는 TV, 공기 청정기, 슬리퍼 등이 구비돼 있다. 전 객실 무료 와이파이를 제공하고 실외 수영장, 놀이터, 키즈 카페, 피트니스 센터 등 다양한 여가 시설과 부대시설이 있어 가족 단위 여행객들에게도 인기가 많다. 공자묘 까지는 도보 10분, 적감루까지는 도보 약 15분 거리에 있으며 근처에 란사이투 문화창의 단지가 있어 여행객들의 평이 좋은 편이다.

타이 랜디스 호텔 타이난 Tayih Landis Hotel Tainan 大億麗緻酒店 [다이리즈지우디엔]

주소 台南市中西區西門路一段660號 **위치** 타이난 기차역(台南火車站)에서 택시로 10분 **요금** NT$ 4,999~ **홈페이지** tainan.landishotelsresorts.com **전화** 06-213-5555

타이 랜디스 호텔은 랜디스Landis 그룹이 운영하는 호텔로, 총 315개 객실을 갖춘 5성급 럭셔리 호텔이다. 유명 인사들이 타이난을 방문하면 대부분 이곳에서 숙박할 정도로 인지도가 높으며 최고의 서비스를 제공하기로 유명하다. 화려하고 럭셔리한 로비를 지나 객실로 들어서면 클래식하면서 우아한 스타일의 실내 너머로 타이난 시내 전경이 한눈에 내려다보인다. 수영장, 피트니스 센터, 비즈니스 센터 등의 부대시설을 갖추고 있으며 시내 중심에 위치해 있어 관광 명소를 도보로 가능해 여행을 즐기기에 편리하다.

제이제이 더블유 호텔

Jia-Jia at West market Hotel 佳佳西市場旅店 福憩客棧 [지아지아시스창뤼디엔 푸치커잔]

주소 台南市中西區正興街11號 위치 타이난 기차역(台南火車站)에서 택시로 10분 요금 NT$ 2,560~ 홈페이지 www.jj-whotel.com.tw 전화 06-220-9866

일본의 건축가가 설계한 부티크 호텔로, 2009년에 오픈한 후 독창적인 외관과 객실 디자인으로 여행객들 사이에서 소문난 곳이다. 총 3가지 타입의 객실은 각기 다른 디자인으로 인테리어 했으며 일본 특유의 실용성과 중국 스타일의 소품을 포인트로 사용해서 동양적인 느낌과 모던함이 공존하는 독창적인 감성을 느낄 수 있다. 객실에 구비된 어메니티는 타이난 지역에서 만든 로컬 브랜드 제품이며 한방 풋 스파와 같은 부대시설을 갖추고 있어 여행에 지친 몸의 피로를 풀며 하루를 마루리 할 수 있다. 타이난 기차역에서 조금 떨어져 있지만 주변에 신눙가가 있고 안핑 지역으로의 이동이 편리하다.

창위 호텔 **changyu hotel 長悅旅棧** [창위에뤼잔]

주소 台南市中西區北門路一段89號 위치 타이난 기차역(台南火車站)에서 도보로 3분 요금 NT$ 2,260~ 홈페이지 www.changyuhotel.com 전화 06-223-6255

타이난 기차역에서 가까워 무거운 짐을 들고 이동하는 여행객들이 이용하기에 좋은 위치에 있으며 직원들이 매우 친절하기로 소문난 호텔이다. 총 5개 타입의 객실은 심플하면서도 아늑한 느낌을 줘 편안한 공간을 제공한다. 객실 크기는 가족 단위보다는 커플, 친구 단위 여행객들이 머물기에 적당하다. 타이난 시내의 관광 명소로 도보 이동이 편리하며 필요 시 로비에 문의하면 콜택시를 불러준다.

호텔 다이너스티 HOTEL DYNASTY 朝代大飯店 [차오다이다판디엔]

주소 台南市北區成功路46號 위치 타이난 기차역(台南火車站)에서 도보로 5분 요금 NT$ 2,800~ 홈페이지 dynasty.okgo.tw 전화 06-221-6711

호텔 다이너스티는 친절한 직원들, 타이난 기차역에서 가까운 위치, 뛰어난 가성비로 여행객들에게 인기가 많다. 총 117개의 객실을 보유하고 있으며 싱글 룸부터 패밀리 룸까지 다양한 인원이 머물수 있어 가족 단위 여행객들도 많다. 은은한 베이지 컬러로 꾸며진 객실에는 무료 와이파이 이용이 가능하며, 조식은 서양식과 중국식이 함께 준비돼 나온다. 부대시설로는 피트니스 센터가 있으며 로비에서는 타이난 시내를 편리하게 둘러볼 수 있도록 무료로 자전거를 대여해 준다.

중푸인 Chung Fu Inn 湧福驛站 [융푸이잔]

주소 台南市中西區大福街36巷5號 위치 신눙가(神農街)에서 도보로 6분 요금 NT$ 1,680~ 홈페이지 chungfu.okgo.tw 전화 0956-167-168(라인 @hpi6040v)

작고 조용한 골목안에 위치한 중푸인은 시골 할머니 집을 연상시키는 호스텔이다. 오래된 가옥의 외관은 그대로 살리면서 실내를 새롭게 인테리어 해서 감각적인 공간으로 재 탄생했다. 로비는 디자인을 전공한 사장님이 직접 하나하나 수집한 오래된 약재함, 낡은 TV같이 물건들로 포인트를 줘 클래식하면서 감각적인 느낌을 전달한다. 주방에는 와인 잔부터 조리 기구까지 모두 완비돼 있어 언제든 편리하게 요리를 할 수 있으며 객실은 나무 재질과 부드러운 조명을 사용해 편안하면서 포근한 분위기를 연출한다. 신눙가와 적감루 명소와 걸어서 이동할 수 있는 거리에 있어 시내 관광을 즐기기 좋다.

시저 파크 호텔 CAESAR PARK HOTEL 墾丁凱撒大飯店 [컨딩카이사다판디엔]

주소 屏東縣 恆春鎮墾丁路6號 위치 컨딩 대가(墾丁大街)에서 도보 5분 요금 NT$ 3,798~ 홈페이지 kenting.caesarpark.com.tw 전화 08-886-1888

1986년 오픈 후 2006년 새롭게 리노베이션을 거친 호텔로, 컨딩에서 손꼽히는 고급 리조트형 호텔이다. 컨딩 대가 동쪽 끝에 위치한 시저 파크 호텔은 고급스러운 외관과 야자수로 둘러싸인 주변은 동남아 휴양지 분위기를 물씬 풍긴다. 넓은 크기의 객실과 프라이빗 풀이 있는 빌라형 타입이 있어 연인과 아이를 동반한 가족 여행자들도 많이 찾는다. 길게 뻗은 야자수와 열대 식물로 둘러싸인 야외 수영장에서는 아름다운 컨딩 노을을 감상할 수 있다. 아이들을 배려해 어린이 풀장을 따로 마련해 놨으며 프라이빗 해변이 숙소와 연결돼 있어 조용하게 물놀이를 즐길 수 있다. 가오슝 쭤잉역까지 무료 셔틀버스를 운영하고 있는데 예약은 필수다.

컨딩 하워드 비치 리조트

Kenting Howard Beach Resort 墾丁福華渡假飯店 [컨딩푸화두지아판디엔]

주소 屏東縣恆春鎮墾丁路2號 위치 컨딩제처 버스 블루 라인 또는 오렌지 라인 타고 샤오완(小灣) 정류장에서 하차 요금 NT$ 4,200~ 홈페이지 kenting.howard-hotels.com.tw 전화 08-886-2323

컨딩 대가 동쪽 끝에 위치한 하워드 비치 리조트는 1997년 오픈한 숙소로 조금 오래됐지만 대지 면적이 약 3만 평에 달하는 대형 규모로 호텔 입구에서 건물까지 거리가 꽤 있어 카트를 타고 이동해야 할 정도며 다양한 부대시설을 자랑하는 숙소다. 총 405개의 객실과 전용 정원, 풀장, 야외 자쿠지(기포가 나오는 욕조) 시설을 갖추고 있는 13채의 빌라가 마련돼 있어 프라이빗한 휴식을 즐기려는 커플이나 가족 여행객들에게도 인기다. 컨딩 바다가 보이는 야외 수영장을 비롯해 게임장, 볼리장과 워터파크, 스타벅스 등 다양한 부대시설을 갖추고 있으며 지하 터널을 통해 바로 샤오완으로 나갈 수 있다. 컨딩 대가에서도 가까우며 호텔 내에서 자체적으로 투어 버스를 운행하고 있어 컨딩을 여행하기에 매우 편리하다.

컨딩 샤토 비치 리조트 Chateau Beach Resort 墾丁夏都沙灘酒店 [컨딩시아두사탄지우디엔]

주소 屏東縣恆春鎮墾丁路451號 **위치** 컨딩 대가(墾丁大街)에서 도보 10분 **요금** NT$ 6,200~ **홈페이지** www.ktchateau.com.tw **전화** 08-886-2345

대만 영화 〈하이자오 7번지〉의 배경으로 나왔던 리조트로 총 293개의 객실을 프로방스, 마르벨라, 포시타노 3가지 콘셉트로 구성하고 있다. 무엇보다 샤토 비치 리조트의 하이라이트는 객실에서 바라보는 전망으로 바로 앞에 위치한 에메랄드 빛 바다와 푸른 하늘, 나무 그늘과 야자 숲이 보이는 전망은 컨딩에서 최고로 불리울 정도다. 바다 풍경이 보이는 실내 수영장, 워터 테라피 스파SPA, 비치바 등의 부대시설을 갖추고 있으며 수상 스포츠 강의도 신청 가능하다. 컨딩 대가에서 조금 떨어져 있는 것이 단점이다.

그리스 스타일 호텔 Greece Style Hote 希腊风情民宿 [시라펑칭민수]

주소 屏東縣恆春鎮墾丁路文化巷24號 **위치** 컨딩 대가(墾丁大街)에서 도보로 5분 **요금** NT$ 1,800~ **홈페이지** greece.kenting-minsu.tw **전화** 08-886-1246

외관부터 그리스의 산토리니를 연상시키는 하얀색과 파란색이 시선을 사로잡는 숙소다. 컨딩 대가에서 멀지 않은 곳에 위치한 이 숙소는 유럽의 휴양지에 온 듯한 느낌을 준다. 전체적으로 넓은 객실은 외관과 마찬가지로 산토리니를 테마로 인테리어 했으며 편안하면서도 낭만적인 분위기를 연출한다. 컨딩 번화가까지 도보로 이동 가능하기 때문에 나이트 문화를 즐기려는 젊은 여행객들과 커플들에게 인기가 많다.

Kaohsiung
여행 정보

高雄郵局
民族路
THE ONLY ROYAL
國王1號院
399萬交
民族路·中正路 | 75~100坪
(07) 225-6677
租 廣告牆
0935-049647
07-2269777
吳信福整形外科 榮獲美容醫
隆乳、隆鼻、拉皮、雙眼
對於成功的美容手術，
中山一路
Jhongshan 1st Rd.
中正三路

가오슝 기본 정보

Information

국호　중화민국(中華民國, the Republic of China)이며 통상적으로 대만이라 부름

수도　타이베이台北(臺北)

인구　2,353만 명(2018년 기준). 그중 타이베이 인구는 약 269만 4천여 명(2017년 초 기준)

면적　대만의 면적은 약 3만 6천km^2(한반도의 1/3), 그중 타이베이 면적은 271.8 km^2다.

정치체제　입헌민주공화제, 일원제

언어　대만어(민난어), 중국어, 하카어(객가어), 기타(원주민 언어)

시차　한국보다 1시간 느림(한국이 오후 4시일 때 대만은 오후 3시)

거리　**인천 – 가오슝** : 최소 2시간 40분

부산 – 가오슝 : 최소 3시간

전압

대만의 전압은 110v, 60Hz로 한국과 콘센트 모양이 다르다. 호텔에서는 어댑터를 제공하지만 중저가 숙소에 묵는다면 미리 멀티 어댑터를 챙기는 것이 좋다. 인천 공항 내 통신사 로밍 서비스 센터에서 보증금을 맡기고 빌리는 방법도 있다.

화폐

NT$ 뉴 타이완 달러로 지폐는 NT$(Nes Taiwan dollar)며 위안(yuan)이라고 읽는다.

- **지폐** NT$ 2,000, NT$ 1,000 ,NT$ 500, NT$ 200, NT$ 100
- **동전** NT$ 50, NT$ 20, NT$ 10, NT$ 5

NT$ 100=약 3,870원

(2019년 11월 기준)

기후

가오슝은 연평균 기온 24.19℃로 연중 온화한 기후며 기온이 가장 낮은 달은 1월로 평균 19.3℃, 기온이 가장 높은 달은 7월로 평균 29.2℃를 기록한다. 연평균 144.8mm의 강수량을 기록하는데 6월에서 8월 사이에 집중적으로 내리며 11월에서 2월에는 평균 강수량이 20mm에 그친다. 여행하기 가장 쾌적한 시기는 11월에서 2월로 비교적 선선하고 겨울에도 영상을 유지하지만 아침 저녁으로는 쌀쌀한 편이라 가벼운 외투를 챙기는 것이 좋다. 하지만 햇빛이 강력하기 때문에 겨울에도 선 크림과 선글라스를 꼭 챙기도록 하자.

인터넷

대부분의 숙소와 카페에서 무료로 와이파이를 사용할 수 있다. 단 일부 숙소는 로비에서만 사용할 수 있으니 예약 전에 확인하자. 또한 관광 안내소에서 무료 와이파이를 신청하면 공공기관 및 MRT 역사에서 와이파이를 사용할 수 있다.

- 한국에서 데이터 로밍하기 통신사 고객 센터나 공항 내 각 통신사 로밍 센터에서 신청한다. 1일 사용료 9,000~10,000원 정도로 데이터(3G 기준)를 무제한 사용할 수 있다.
- 가오슝 국제공항에서 유심 카드 구입하기 온라인 사이트나 가오슝 국제공항 입국장 통신사 카운터, 인터넷에서 예약 가능하고 요금을 비교한 후 구입하는 것이 좋다. 개인이 사용하기 편리하지만 한국에서 걸려 오는 전화나 문자는 수신이 불가능하다. 유심 교체 후 꼭 현장에서 인터넷이 잘 접속되는지 확인해 보는 것이 좋다.
- 한국에서 대만 유심 구입하기
  최근 인터넷에서 사전에 대만 유심을 구입해서 받을 수 있다. 가격은 현지에서 구입하는 비용과 비슷하기 때문에 공항에서 바로 시내로 이동하려는 여행객들에게 인기가 많다.

치안

가오슝의 치안은 타이베이와 비슷하게 전반적으로 안전하다. 일반 상식에 어긋난 행동만 하지 않으면 문제될 일이 없다. 다만 귀중품 같은 것은 호텔 금고 같은 안전한 곳에 보관하는 것이 좋다.

국경일과 공휴일

대만의 국경일과 공휴일에는 대부분의 상점과 관광지가 문을 닫기 때문에 이 기간을 피해서 여행 기간을 잡는 것이 좋다.

1월 1일 원단元旦
2월 춘절春節(설, 음력 1월 1일)
2월 28일 228 평화 기념일
4월 4일 어린이날兒童節
4월 5일 청명절清明節
5월 1일 노동절勞動節
6월 단오절端午節(음력 5월 5일)
9월 중추절中秋節(음력 8월 15일)
10월 10일 쌍십절雙十節(건국기념일)

비상 연락처

주타이베이 대한민국 대표부

주소 台北市 基隆路 一段 333號 1506室 / Rm. 1506, 15F. No. 333, Sec. 1, KeeLung Road, TAIPEI
시간 9:00~12:00, 14:00~16:00 **휴무** 토, 일요일 **전화** 886-2-2758-8320~5

한국에서 가오슝 가기

비행기

인천 국제공항에서 아시아나와 대만 항공사인 중화항공, 에바항공이 매일 운항 중이며, 제주항공이 주 4회, 티웨이항공이 주 3회, 이스타항공이 주 4회 운항 중이다. 부산에서는 에어부산이 매일 가오슝을 오간다.

가오슝 국제 항공 터미널 高雄國際航空站 [가오슝 궈지 항잔러우] **주소** 高雄市小港區中山四路2號 **홈페이지** www.kia.gov.tw **전화** 07-805-7631

가오슝 국제공항에서 시내까지는 약 15분 정도 거리로 매우 가까우며 MRT를 이용해 시내로 들어가는 것이 가장 편리하다.

가오슝 여행 준비하기

여권 만들기

해외 여행에 여권은 필수다. 여권이 없다면 여권부터 만들자. 여권이 있더라도 여행일 기준으로 유효 기간이 6개월 이상 남아 있지 않다면 발급 기관에서 여권을 연장하거나 새로 발급받아야 한다.

여권의 종류와 수수료 여권은 복수 여권과 단수 여권으로 나뉜다. 복수 여권은 유효 기간에 따라 5년과 10년짜리가 있다. 단수 여권은 유효 기간 1년 동안 단 1회만 사용할 수 있다.

종류	유효 기간	면수	수수료
복수	10년	48면	53,000원
		24면	50,000원
	5년	48면	45,000원
		24면	42,000원
단수	1년(단 1회만 사용)		20,000원

구비 서류 여권 발급 신청서, 여권용 사진 1매(6개월 이내에 촬영한 사진), 신분증(주민등록증, 운전면허증 등)

발급 기관 서울은 각 구청, 지방은 광역 시청, 지방 군청 등에서 여권을 발급받을 수 있다. 주민등록상의 거주지와 관계없이 신청할 수 있다.여권은 예외적인 경우(질병, 장애, 18세 미만 미성년자)를 제외하고는 본인이 직접 신청해야 한다. 신청 후 4~5일이면 발급되고, 여권을 찾으러 갈 때는 신분증이 필요하다.

외교부 여권 안내 홈페이지 www.passport.go.kr / 여권과 헬프라인 02-733-2114

대만 비자

최대 90일 무비자로 체류가 가능하다. (여권 유효 기간이 6개월 이상 남아 있어야 함)

항공권 구입 가오슝으로 여행을 떠나기로 마음먹었다면 가장 먼저 해야 할 일은 항공권을 예약하는 것이다. 가오슝은 대만 국적기인 중화항공, 에바항공이 매일 취항하며 최근 저비용 항공사인 제주항공, 티웨이항공이 주 3~4회 운항하고 있다. 타이베이에 비해 항공편이 적어 원하는 스케줄의 항공권을 구입하기 쉽지 않다.

성수기와 비수기 구분 항공권은 성수기와 비수기 요금 차이가 크다. 11~2월에는 날씨가 좋으며 연말 각종 행사와 춘절 같은 공휴일로 항공권 요금이 비싸다. 또 주말이 평일보다 요금이 비싸며 저비용 항공의 경우 성수기를 몇 달 앞두고 조기 발권을 하면 할인 혜택이 주어지기도 하니, 항공사 사이트를 수시로 확인하자.

예약하기 항공권을 구입할 때는 환불 규정, 귀국일 변경 가능 여부 등의 제한 사항을 꼼꼼히 확인하자. 예약은 항공사 홈페이지나 여행사를 통해 할 수 있다. 예약에는 여권에 기재된 영문 이름, 여권 번호가 필요하다. 항공권에 사용한 영문 이름과 여권에 기재된 영문 이름은 반드시 일치해야 하며, 다를 경우에는 항공기 탑승이 거부될 수 있다. 예약한 항공권은 돈을 지불하고 발권을 해야 진짜 내 것이 된다.

전자 항공권(E-Ticket) 발권된 항공권은 전자 항공권이라고 부르는 이티켓(e-Ticket)을 이메일로 받는다. 이메일로 항공권을 받으면 영문 이름, 여권 번호, 항공편, 출발/도착 도시와 날짜를 꼼꼼히 확인한다.

〈항공사 사이트〉

중화항공 www.china-airlines.com/kr/ko
에바항공 www.evaair.com/ko-kr
제주항공 www.jejuair.net
티웨이항공 www.twayair.com

〈항공권 예매 사이트〉

인터파크 투어 tour.interpark.com
투어익스프레스 www.tourexpress.com
스카이스캐너 www.skyscanner.co.kr

환전하기

일반적으로 국내에서 미리 뉴 타이완 달러로 환전해 간다. 주거래 은행이나 인터넷 뱅킹에서 발급해 주는 환전, 환율 우대 쿠폰이 있는지 살펴 보자. 미화 USD로 환전한 후 대만 공항에서 바꾸면 조금 더 절약할 수도 있다. 하지만 금액이 적을 경우 크게 차이가 없다. 시티 국제 현금 카드처럼 대만 현지에서 뉴 타이완 달러로 바로 출금해 쓰는 방법도 있다. 수수료가 많이 비싸지 않은 편이고 필요한 만큼 현지에서 뽑아 쓸 수 있어서 편리하다.

여행자 보험 가입

해외여행을 떠날 때는 여행자 보험에 반드시 가입하자. 현지에서 물품을 분실하거나 사고를 당해 치료를 받게 되면 보험 혜택을 받을 수 있다. 물건을 분실했을 때는 관할 경찰서에서 도난 증명서를 반드시 받아 와야 하고, 병원 치료를 받았다면 증빙 서류(진단서, 병원비, 약값 영수증)를 챙겨 와야 한다. 귀국 후에 보험 회사에 증빙 서류를 우편으로 보내면 심사 후 보험금을 지급받을 수 있다.

여행 가방 꾸리기 즐거운 여행을 위해서는 짐이 가벼워야 한다. 가져갈까 말까 고민되는 물건은 아예 빼자. 공항에서 사용할 여권, 항공권, 프린트한 이티켓(E-Ticket), 지갑, 휴대 전화 등은 항상 휴대할 가방에 넣어 두자.

꼭 챙겨야 할 것

여권과 항공권 여권의 앞면 사진이 있는 부분은 2부 복사해서 챙겨 간다. 여권을 분실했을 때 새로 발급 받으려면 여권 사본이 필요하기 때문이다. 여권 사본은 큰 가방과 보조 가방에 각각 따로 보관한다. 또 하나 좋은 방법은 여권을 스캔 받아 개인 메일로 보내 놓는 것이다. 이메일로 받은 이티켓(E-Ticket)도 메일함에서 버리지 말고 보관하자.

옷차림 봄과 여름에는 실내에서 에어컨이 강하고 가을 겨울에는 쌀쌀한 날씨와 난방 시설이 잘 되어 있지 않아 얇은 카디건이나 점퍼를 준비하는 것이 좋다.

세면도구 유스호스텔의 도미토리를 제외하고, 대부분의 숙소에서 1회용 칫솔, 비누, 샴푸, 수건을 제공한다. 그러나 숙소에 따라 품질은 천차만별이다. 고급 호텔에 머무는 것이 아니라면 따로 준비해 가는 것이 좋다. 온천을 이용할 계획이라면 꼭 개인 세면도구를 챙겨 가자.

비상 약품 감기약, 진통제, 소화제, 지사제, 소독약, 밴드는 기본으로 챙긴다. 따로 복용하는 약이 있다면 넉넉하게 챙긴다.

우산과 선글라스 잦은 소나기와 태풍을 대비해 우산은 작은 크기로 챙기는 것이 좋다. 선글라스와 모자, 선크림은 계절에 관계없이 필수품이다.

가오슝 여행 정보 찾기 가오슝 여행에 앞서 생생한 여행자들의 후기를 보는 것은 큰 도움이 된다. 타이베이 여행 정보가 많은 대표적인 사이트를 추천한다.

★ 즐거운 대만 여행 cafe.naver.com/taiwantour
★ 대면여행연구소 www.facebook.com/taiwantravellab
★ 대만 관광청 서울 사무소 tourtaiwan.or.kr/main.asp

대만 관광청 서울 사무소 찾아가기

대만 관광청 서울사무소를 찾아가면 대만 관광청에서 직접 제작한 다양한 소책자를 얻을 수 있다. 소책자는 맛 집, 쇼핑 등 다양한 테마에 맞춰 대만을 소개하고 있어 여행을 준비할 때 유용하다.

주소 서울특별시 중구 남대문로10길 9 경기빌딩 902호 전화 02-732-2358

인천 국제공항 출국 & 가오슝 입국

인천 국제공항에서 출국하기

우리나라에서 가오슝으로 가는 항공은 인천 국제공항과 김해 국제공항에서 출발한다. 공항에는 항공편 출발 2시간 전까지 반드시 도착해야 하고, 출국 수속과 면세점 쇼핑을 여유롭게 하려면 3시간 전까지 도착하도록 한다. 이번 장에서는 여행자가 많이 이용하는 인천 국제공항을 중심으로 출국 수속을 안내한다.

인천 국제공항으로 가는 방법

인천 국제공항으로 가는 일반적인 방법은 공항버스를 타거나 공항 철도를 통해서 이동하는 것이다. 공항버스는 서울과 수도권은 물론 전국 각지에서 연결되는 편리한 수단으로, 인천 국제공항 홈페이지에서 전국으로 연결되는 공항버스 노선을 확인할 수 있다. 공항 철도는 서울역에서 인천 국제공항까지 논스톱으로 연결되는 직통 열차(43분 소요, 30분 간격), 중간에 지하철역에서 정차하는 일반 열차(56분 소요, 12분 간격)가 있다.

★ 인천 국제공항 홈페이지 www.cyberairport.kr

★ 지방행 버스 홈페이지 www.airportbus.or.kr

★ 코레일 공항 철도 www.arex.or.kr

출국수속

탑승 수속 카운터 확인

인천 국제공항의 3층에 도착하면 먼저 모니터를 보고 자신의 이티켓(E-Ticket)에 적힌 항공편명과 출발 시간을 확인해 항공사 카운터를 찾자. 항공사별로 알파벳으로 탑승 수속 카운터(A~M)가 구분돼 있으니 모니터를 확인한 후 찾아가면 된다.

STEP 2

탑승 수속 및 짐 부치기

항공사 카운터를 가서 여권과 이티켓(E-Ticket)을 제시하면 탑승권(보딩 패스, Boarding Pass)을 준다. 수하물로 부칠 짐이 있다면 컨베이어 벨트 위에 올리면 된다. 수하물은 항공사에 따라 1인당 15~30kg까지 허용하며 수하물을 부치면 주는 수하물 증명서(배기지 클레임 태그, Gaggage Claim Tag)를 잘 보관해 두자. 참고로 탑승 수속은 보통 출발 시간 기준 2시간 30분 전부터 시작한다.

STEP 3

세관 신고

세관 신고할 물품이 없으면 곧장 국제선 출국장으로 이동하면 된다. 만약 미화 1만 달러를 초과해서 소지하고 있는 여행자라면 출국하기 전 세관 외환 신고대에서 신고를 하는 것이 원칙이다. 여행 시 사용하고 다시 가져올 고가품을 소지하고 있다면 '휴대물품반출신고(확인)서'를 받아 두는 것이 안전하다.

보안 검색

여권과 탑승권을 제시한 후 출국장으로 들어가면 보안 검색을 받게 된다. 검색대를 통과할 때는 모자를 벗고 주머니도 모두 비워야 한다. 음료수나 화장품 등의 액체류는 100ml 넘으면 안 되고 가방에 노트북이 있다면 노트북을 꺼내서 통과시켜야 한다.

출국 심사

보안 검색대를 통과하면 바로 출입국 심사대가 나온다. 여권과 탑승권을 제시한 후 출국 도장을 받고 나가면 면세 구역으로 갈 수 있다.

※주민 등록이 된 만 19세 이상 대한민국 국민이라면 사전 등록 없이 자동 출입국 심사 창구를 이용 가능하며, 만 7세 이상 만 19세 미만이라면 유효한 신분증을 지참해 등록 센터에 방문하여 사전 등록 후 이용할 수 있다.

STEP 6 면세 구역

한국에 들어올 때는 면세점을 이용할 수 없으니 출국 시 면세점을 방문하자. 시내 면세점이나 인터넷 면세점을 통해 구입한 물건이 있다면 면세 구역 내의 면세점 인도장으로 가서 상품을 수령하면 된다.

STEP 7 비행기 탑승

보딩 패스에 탑승구(Gate) 번호가 적혀 있다. 탑승구에 적어도 출발 30분 전까지는 도착해서 탑승을 기다리자. 주의할 점은 외국 항공사의 경우 셔틀 트레인을 타고 이동해야 하는 탑승동 청사에서 탑승 수속을 하므로 시간을 더 넉넉하게 잡고 이동해야 한다.

가오슝 입국

STEP 1 공항 도착

가오슝 국제공항에 도착해 비행기에서 내리면 'Immigration' 표지판을 따라 나가자. 기내에서 나눠 주는 대만 입국 신고서는 미리 기내에서 작성하자.

入國登記表
ARRIVAL CARD

姓 **Family Name** 성
護照號碼 **Passport No.** 여권번호
名 **Given Name** 이름
出生日期 **Date of Birth** 생년월일 ☐☐☐☐ 年 **Year** ☐☐ 月 **Month** ☐☐ 日 **Day**
國籍 **Nationality** 국적
性別 **Sex** 성별 ☐ 男 **Male** ☐ 女 **Female**
航班/船名 **Flight / Vessel No.** OZ-- 편명
職業 **Occupation** 직업
簽證種類 **Visa Type** 비자 종류
☐ 外交 **Diplomatic** ☐ 禮遇 **Courtesy** ☐ 居留 **Resident** ☐ 停留 **Visitor**
☐ 免簽證 **Visa-Exempt** ☐ 落地 **Landing** ☐ 其他 **Others**
入出境證/簽證號碼 **Entry Permit / Visa No.**
비자 번호
居住地 **Home Address**
한국 주소
來臺住址 **Residential Address in Taiwan**
타이완 내 체류 주소
旅行目的 **Purpose of Visit** 방문 목적
☐ **1.**商務 **Business** ☐ **5.**求學 **Study**
☐ **2.**觀光 **Sightseeing** ☐ **6.**展覽 **Exhibition**
☐ **3.**探親 **Visit Relative** ☐ **7.**醫療 **Medical Care**
☐ **4.**會議 **Conference** ☐ **8.**其他 **Others**
公務用欄 Official Use Only
旅客簽名 **Signature**
서명

WELCOME TO ROC (TAIWAN)
歡迎光臨台灣

STEP 2 입국 심사

입국 심사대가 나오면 'Non-Citizen' 표지 쪽에 줄을 서고, 심사 시에는 여권과 함께 대만 입국 신고서를 같이 제출하자. 이때 끼워 주는 종이는 출국 시까지 잘 보관해야 한다.

STEP 3

수하물 찾기

이제 부친 짐을 찾을 차례다. 모니터에서 비행기 항공편명과 수하물 벨트 숫자를 확인한 후 짐을 찾자.

STEP 4

세관 검사

마지막으로 세관 검사가 남았다. 빨간색과 녹색 표지판이 보일 텐데 신고할 물품이 없다면 녹색의 'Nothing To Declare'로 통과하면 된다. 가오슝의 경우 술은 1L 이하 1병, 담배는 1보루까지 면세가 가능하다.

STEP 5

입국장

입국 게이트를 나서면 무제한 데이터 신청이 가능한 대만 현지 통신사들 데스크와 관광 안내소가 있다.

E-gate 신청하기

한국인은 대만 출입국 과정에 자동 출입국이 가능하다. 자동 출입국을 하기 위해서는 대만 공항에서 E-gate를 신청해야만 가능하다. 순서는 다음과 같다.

❶ 한국에서 온라인 입국 신고서를 작성한다.
❷ 대만 공항에서 E-gate 심사를 신청한다. 공항 도착 후 E-gate 표지판을 따라가면 등록 카운터가 있고, 이곳에서 여권과 사진, 지문 등록을 마치면 된다.
❸ 등록 완료 후 한국처럼 E-gate 전용 심사대에서 여권과 지문을 찍는다.

사이트 niaspeedy.immigration.gov.tw/webacard

E- GATE 신청 리스트

姓 (English Family Name)	성
名 (English Given Name)	이름
中文姓名 (Chinese Name)	생략 가능
出生日期 (Date of Birth)	생년월일
性別 (Gender)	성별 (남)男 Male (여)女 Female
國籍 (Nationality)	국적
護照號碼(大通證)(Passport No.)	여권 번호
簽證種類 (Visa Type)	비자 종류 (VISA-Exempt 선택)
入出簽證/簽證號碼 (Entry Permit/Visa No.)	생략 가능
航班/航名代碼 (Flight/Vessel No.)	항공편명
預計入境日 (Expect Arrival Date)	대만 입국일
旅行目的 (Purpose of Visit)	방문 목적 (Sightseeing(관광) 선택)
職業 (Occupation)	직업
居住地 (Home Address)	한국 주소
來台住址或飯店名稱 (Residential Address or Hote name in Taiwan)	대만 숙소 주소
行動電話 (Cell Phone Number)	핸드폰 번호
電子郵件 (Email Address)	이메일 주소
驗證碼 (Verification Code)	자동 입력 방지 숫자 (오른쪽 박스에 뜬 숫자 입력)

※신청 폼은 영어로 작성해야 한다.

KAOHSIUNG 여행 회화

인사하기

안녕하세요.	你好 니하오
저는 한국 사람입니다.	我是韓國人 워스한궈런
만나서 반갑습니다.	見到你很高興 지엔다오니헌가오싱
실례합니다.	打擾一下 다라오이시아
미안합니다.	對不起 뚜이부치
감사합니다.	謝謝 시에시에
안녕히 계세요.	再見 짜이지엔

도움 청하기

좀 도와주시겠어요?	麻煩你幫我一下? 마판니방워이시아?
확인 좀 해주세요.	請幫我確認一遍 칭방워췌런이비엔
중국어를 조금밖에 못해요.	我只會說一點中文 워즈후이슈어이디엔중원
좀 더 천천히 말씀해 주세요.	請說慢一點 칭슈어만이디엔
화장실이 어디예요?	洗手間在哪兒? 시셔우지엔자이날?
틀립니다.	不是 부스
좋습니다.	好的 하오더

기내에서

제 자리를 찾고 있는데요.	我在找我的位置 워짜이쟈오워더웨이즈

담요 부탁합니다.	請給我毛毯 칭게이워마오탄
제 입국 카드 좀 봐 주시겠어요?	請幫我看一下入境卡 칭방워칸이시아루징카
밥 먹을 때 깨워 주세요.	吃飯時請叫醒我 츠판스칭쟈오싱워
식사는 필요 없어요.	不需要吃飯 부쉬야오츠판
물 한 컵 주세요.	請給我一杯水 칭게이워이베이수이
한 잔 더 주시겠어요?	請再給我一杯 칭자이게이워이베이
몸이 안 좋은데요.	身體不舒服 션티부슈푸
멀미약 좀 주세요.	請給我暈機藥 칭게이워윈지야오

공항에서

비행기는 어디서 갈아타죠?	請問在哪裡轉機? 칭원짜이나리좐지?
탑승 수속은 어디에서 합니까?	請問在哪裡check in? 칭원짜이나리 체크인?
입국 목적은 무엇입니까?	入境目的是什麼? 루징무디스션머?
여행이요.	來旅行 라이뤼싱
어디에서 짐을 찾으면 되나요?	請問在哪裡取行李? 칭원짜이나리취싱리?
제 짐을 찾을 수가 없어요.	我找不到我的行李 워자오부다오워더싱리
이 근처에 환전소가 있나요?	附近有換錢所嗎? 푸진여우환치엔쉬마?

호텔에서

체크인 해 주세요.	請幫我check in 칭방워 체크인
빈 방 있나요?	有房間嗎? 여우팡지엔마?
하루에 얼마예요?	一天多少錢? 이티엔뚸샤오치엔?
더 싼 방은 없나요?	有更便宜的房間嗎? 여우겅피엔이더팡지엔마?
짐을 맡아주시겠어요?	請幫我保管行李? 칭방워바오관싱리?
맡긴 짐을 찾고 싶습니다.	我來取我的行李 워라이취워더싱리

택시를 불러 주시겠어요?	請幫我叫計程車 칭방워쟈오지청처
인터넷을 사용할 수 있나요?	可以上網嗎? 커이샹왕마?
와이파이 비밀번호가 뭐예요?	無線網絡密碼是什麼? 우시엔왕루오미마스션머?

교통수단 이용하기

여기 세워 주세요.	請停在這裡 칭팅짜이쩌리
어디에서 갈아타야 하나요?	在哪換乘? 짜이나환청?
이 주소로 가 주세요.	去這個地方 취쪄거디팡
얼마나 걸리나요?	要多久? 야오뚸지우?
요금은 얼마입니까?	多少錢? 뚸샤오치엔?
길을 잃어버렸어요.	我迷路了 워미루러
MRT역까지 어떻게 가나요?	怎麼去捷運站? 전머취제윈잔?
어디에서 내려야 하는지 알려 주시겠어요?	請告訴我在哪裡下車 칭가오쑤워짜이나리시아처

식당, 술집에서

근처에 좋은 식당을 하나 소개해 주세요.	請告訴我附近有名的餐廳 칭가오쑤워푸진여우밍더찬팅
두 사람인데 자리가 있나요?	兩位，有位置吗? 량웨이, 여우웨이즈마?
지금 주문해도 되나요?	現在可以點餐吗? 시엔짜이커이디엔찬마?
대표 음식이 무엇인가요?	請推薦我招牌菜 칭투이지엔워캬오파이차이
그걸로 하겠습니다.	我要這個 워야오쪄ㄱ
포장해 주세요.	打包 다바오
고수는 빼 주세요.	不要放香菜 부야오팡샹차이
맥주 啤酒 피지우	콜라 可樂 커러

커피	咖啡 카페이	사이다	雪碧 쉐비
볶음밥	炒飯 챠오판	국수	麵條 미엔탸오
돼지고기	豬肉 주러우	소고기	牛肉 니우러우
달걀	雞蛋 지단		
맵다	辣 라	짜다	鹹 시엔
달다	甜 티엔	시다	酸 쑤안

 쇼핑

얼마입니까?	多少錢? 뚸샤오치엔?
입어 봐도 됩니까?	可以試穿嗎? 커이스촨마?
싸게 해 주세요.	便宜點 피엔이디엔
너무 큽니다/작습니다.	太大/小 타이따/샤오
이것으로 주세요.	請給我這個 칭게이워쩌거
신용카드로 결제해도 됩니까?	可以用信用卡嗎? 커이융신융카마?
현금	現金 시엔진
세일	打折 다저

찾아보기 INDEX

관광명소

식당

카페

쇼핑

숙소

小港/岡山

正忠排骨飯
KTV